有机化学实验

（临床医学、预防、口腔及护理专业用）

庞　华　郭今心　主编

山东大学出版社

《有机化学实验》编委会

主　编　庞　华　郭今心

编　者　（按姓氏笔画为序）

　　　　王建河　冉祥凯　孙中砚　朱荣秀
　　　　杜东里　庞　华　郭今心

前　言

　　本教材根据教育部医学专业"有机化学"教学大纲中"有机化学实验"部分的要求,经多次修改后完成的。本书缩减了与中学重复性较大的有机化合物性质实验,为了更好地与医学课程紧密结合,增添了卵磷脂的提取及其组成的鉴定、核酸的分离及其组成的鉴定和从牛奶中分离与鉴定酪蛋白和乳糖实验。这次编写突出了实用性:为了便于学生实验前的预习,特将理论指导内容与相应的具体实验融为一体;为避免和纠正学生在实验中容易出现的错误和问题,采用注释方式对具体实验的关键问题给予较详尽说明;为了指导学生准确而规范化地书写实验报告,编写了各类实验报告格式。随着学生英语水平的不断提高及推广双语教学,为了更好地适应学生对英语的需求,部分实验同时编写了英语对照篇。在附录中介绍了部分典型试剂的配制方法、常用有机溶剂的纯化、有机化学的文献资料和与有机化学实验有关的常用英语词汇,还列有常用元素的原子量和常用酸碱浓度及部分常见有机化合物理化性质,以供查阅参考。

　　由于编写时间仓促,水平有限,难免有不当甚至错误之处,敬请读者予以指出,在此表示衷心的、诚挚的谢意。

编　者

2006.5

目 录

有机化学实验的基本知识 ……………………………………………………… (1)
实验一　熔点的测定 …………………………………………………………… (11)
实验二　沸点的测定及常压蒸馏 ……………………………………………… (16)
实验三　减压蒸馏 ……………………………………………………………… (21)
实验四　水蒸气蒸馏 …………………………………………………………… (24)
实验五　折光率的测定 ………………………………………………………… (26)
实验六　旋光度的测定 ………………………………………………………… (32)
实验七　重结晶和过滤 ………………………………………………………… (36)
实验八　液—液萃取 …………………………………………………………… (38)
实验九　纸上层析 ……………………………………………………………… (41)
实验十　薄层层析 ……………………………………………………………… (46)
实验十一　柱层析法 …………………………………………………………… (49)
实验十二　纸上电泳 …………………………………………………………… (55)
实验十三　乙酰水杨酸的制备 ………………………………………………… (60)
实验十四　乙酸乙酯的制备 …………………………………………………… (65)
实验十五　从茶叶中提取咖啡碱 ……………………………………………… (67)
实验十六　从番茄酱中提取番茄红素及 β-胡萝卜素 ………………………… (73)
实验十七　卵磷脂的提取及其组成鉴定 ……………………………………… (75)
实验十八　核酸的分离及其组成的鉴定 ……………………………………… (78)
实验十九　花生油的提取及油脂的性质 ……………………………………… (81)
实验二十　有机化合物官能团的定性反应 …………………………………… (84)
实验二十一　从牛奶中分离与鉴定酪蛋白和乳糖 …………………………… (91)
实验二十二　模型作业 ………………………………………………………… (94)
实验二十三　紫外光谱(UV) …………………………………………………… (99)
实验二十四　红外光谱法(IR) ………………………………………………… (102)
实验二十五　核磁共振谱(NMR) ……………………………………………… (107)
附录Ⅰ　常用元素的质量 ……………………………………………………… (111)
附录Ⅱ　常用酸、碱溶液相对密度及质量 …………………………………… (112)
附录Ⅲ　常用试剂的配制 ……………………………………………………… (116)
附录Ⅳ　常见有机化合物理化性质 …………………………………………… (118)
附录Ⅴ　有机化学的文献资料 ………………………………………………… (124)
附录Ⅵ　一些常用术语的中英文对照 ………………………………………… (128)
参考文献 ………………………………………………………………………… (134)

有机化学实验的基本知识

一、有机化学实验的基本要求

有机化学是一门实验科学,有机化学的理论是建立在实验的基础上,有机化学实验课的目的,是为了使学生通过亲自做实验,进一步掌握有机化合物的主要性质、结构以及性质与结构之间的依赖关系,掌握有机化学实验的基本操作技能,培养学生观察、记录和处理实验结果的能力以及实事求是的科学作风,为了达到预期的目的,学生必须做到:

实验前认真预习实验内容,了解实验方法及其理论基础。实验过程中严格按照实验方法进行操作,仔细观察实验现象,随时作好记录。实验结束后认真写好实验报告。

在实验过程中,必须遵守实验规则:

(1)实验开始前认真检验仪器是否完整无损,是否齐全,使用时应小心谨慎,损坏以后及时报损,对药品用量应严格按实验方法中所指示的称取,不可浪费。试剂和药品用后放回原处,并盖好瓶塞。未经老师同意,不得重做实验或更改实验方案。

(2)在实验过程中应集中注意力,不得大声喧哗,不得擅自离开实验室,不得做与实验无关的事情。

(3)实验时要做到整洁有序,保持水槽、桌面、地上洁净,火柴梗、废纸等废物应扔入垃圾桶内,不可随意乱扔,更不得丢入水槽中,以免堵塞下水道。

(4)水、电不用时应立即关闭。值日生打扫卫生。

二、有机化学实验事故的预防和处理

有机化学实验所用的药品很多是有毒、易燃、具有腐蚀性、刺激性甚至爆炸性的物质,而化学反应又常在不同的情况下进行,需用各种热源、电器、玻璃仪器或其他设备,偶尔不慎,便会造成火灾、爆炸、触电、割伤、烧伤或中毒等事故。但这些事故是可以预防的,只要操作时提高警惕,遵守操作规程,就可以避免事故的发生。为了预防和处理危险事故,应熟悉有关实验室安全的基本知识。

(一)火灾的预防和处理

1. 预防

(1)使用易燃溶剂如苯、丙酮、石油醚、二硫化碳或酒精等时应远离火源,特别注意:乙醚操作,严禁室内有明火。蒸馏易燃药品切勿漏气,余气出口远离火源,最好用橡皮管通往室外,或将橡皮管通入水槽。

(2)易挥发的可燃性废液不可倒入废物缸内,应倒入回收瓶中,并贴上标签,集中回收处理。

(3)回流或蒸馏时,必须在蒸馏瓶内放入沸石,防止暴沸,以免将液体冲出。若加热后发现未放沸石,则应停止加热,冷却后再放沸石,以防瓶中物外冲。

(4)回流或蒸馏易燃液体时,不要用直火加热,应用水浴或油浴加热,同时保持冷凝水畅通。

2. 处理

(1)在烧杯、蒸发皿或其他容器中的液体着火时,如系小火,可用玻璃板、瓷板、石棉板或木板覆盖,即可将火熄灭。

(2)如果燃着的液体洒在地板或桌面上,应用干燥细砂扑灭。着火液体如系比水轻的有机溶液(如苯、石油醚等),切勿用水扑救,因为燃着的液体将在水面上蔓延开来,反而使燃烧面积更加扩大。

(3)较大的火应用灭火器。使用泡沫灭火器时,有液体伴随二氧化碳喷出,形成一层稳定的泡沫覆盖在燃着物上,使其与空气隔绝而熄灭。电器或电器附近着火时常采用四氯化碳灭火器,四氯化碳蒸气有毒,使用后应立即开启门窗,以防中毒。

(4)扑灭燃着的钠和钾时,千万不要用水,也不得使用四氯化碳灭火器。因为钠和钾与四氯化碳反应发生猛烈爆炸,通常用干燥的细砂覆盖,使其熄灭。

(二)爆炸的预防

(1)在含有气体容器中的空气没有除尽时,切勿点燃逸出的气体如乙烯、乙炔等,因为这些气体与空气混合后点燃时会发生爆炸。

(2)对于易爆炸的固体,如乙炔的金属盐、苦味酸、苦味酸的金属盐、三硝基甲苯等切勿敲击或重压,以免发生爆炸,其少量残渣不准乱丢,应放入回收瓶中,并贴上标签,集中回收处理。

(3)进行常压蒸馏时,蒸馏装置一定要有出口通向大气,否则会因蒸馏系统内气压增大而发生爆炸。

进行可以引起爆炸的实验时,操作者必须带上保护镜。

(三)触电的预防

电器设备使用前应检查是否漏电,如遇轻微电击现象,应立即切断电源,检修仪器。使用电器时,应注意手、衣服和四周是否干燥,如电器已被水潮湿,应擦干后再使用。

(四)割伤的预防和处理

1. 预防

(1)玻璃管的锋利边缘,必须用火烧平滑后方可使用。

(2)将玻璃管插入软木塞或橡皮塞中时,应用布包住,握住玻璃管的手应离塞子近些,慢慢将玻璃管旋转插入,以防割伤。有时可涂一些甘油在玻璃管上以助滑入。

(3)已有裂痕或裂口的玻璃仪器切勿使用。洗涤玻璃仪器时应小心谨慎,以免碰破。

(4)试剂瓶、量筒和表面皿等仪器绝不能加热。热的玻璃仪器不能突然触及冷的表面或冷水,否则将造成破裂,容易造成伤害。

2. 处理

皮肉割伤后应先用消毒的镊子把伤口的玻璃屑取出,用蒸馏水洗净伤口,涂上碘酒,然后用纱布药棉包扎。若割伤较大,流血不止,应按住血管,急送医疗单位医治。

(五)烧伤的预防和处理

1. 预防

(1)处理热的物体和具有腐蚀性的化学药品时应特别小心,勿使其与身体直接接触。

(2)盛有液体的试管加热或煮沸时,管口不得对着自己或别人;在加热或反应进行时,不得接近试管管口或烧瓶口观察反应。

(3)将浓酸或浓碱溶液等加热时,应戴上防护镜。

(4)切勿倾水入酸,特别在稀释浓硫酸时,必须将酸分次注入水中,同时加以搅拌。

2. 处理

(1)若烧伤比较严重(如:皮肤变黑、烧伤面积较大等),应先以消毒纱布敷贴患处,立即送医院就医。

(2)轻微的灼伤可涂以苦味酸药膏或含有鞣酸的凡士林。

(3)皮肤被酸腐蚀时,应立即用水冲洗,然后用饱和碳酸氢钠溶液洗涤,最后用水冲洗。

(4)皮肤被碱腐蚀时,应立即用水冲洗,然后用醋酸水溶液洗涤,最后用水冲洗。

(5)溴或苯酚滴在皮肤上时,可用酒精洗去,再在患处涂上甘油。

(6)眼睛被酸侵蚀时,应立即用水冲洗,然后用3%碳酸氢钠溶液洗涤,再用水洗涤。

(7)眼睛被碱侵蚀时,应立即用水冲洗,然后用饱和的鞣酸水溶液或0.5%醋酸溶液洗涤,再用碳酸氢钠溶液洗涤,最后用水洗涤。

(六)中毒的预防

中毒主要是由于吸入有毒气体或误服有毒物质所引起的,但也有从割伤或烧伤的皮肤处渗入人体的。为了防止中毒,应注意以下几点:

1. 有毒药品应妥善保管,不准乱放,其残渣不准乱丢。

2. 勿让有毒的药品沾及五官或伤口。

3. 实验完毕后立即洗手。

三、有机化学实验常用玻璃仪器简介

常见玻璃仪器有普通玻璃仪器如图1所示和标准磨口玻璃仪器如图2所示两种。标准磨口玻璃仪器是指带有标准磨口的玻璃仪器。这种仪器具有标准化、通用化、系列化等特点,使用方便。相同标号的仪器之间可互相连接,不同标号的仪器之间可借助于相应标号的磨口接头而连接,它们组装、拆卸方便,不仅可免去配塞子、钻孔等手续,还可避免反应物或产物被软木塞或橡皮塞所玷污。

通常标准磨口有10,14,19,24等几种,这些数字编号系指磨口最大端直径的毫米数。

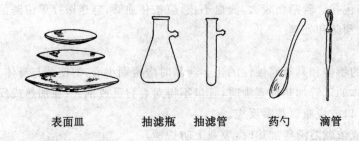

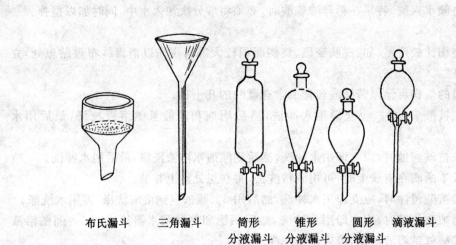

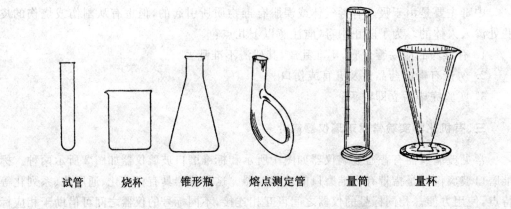

图 1 普通玻璃仪器

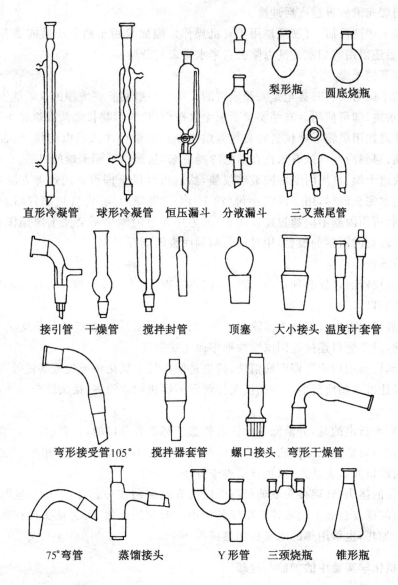

图 2 常用的标准磨口仪器

四、有机化学实验玻璃仪器的清洗与干燥

(一)仪器的洗涤

实验所用仪器的洁净程度,直接影响着实验结果。因此同学要学会洗涤及干燥的方法,养成每次实验做完后立即洗净仪器的习惯。

最简单而常用的清洗玻璃仪器的方法是用试管刷和去污粉刷洗器壁,直至玻璃表面的污物除去为止,最后再用自来水冲洗。当仪器倒置,器壁不挂水珠时,即已洗净,若仍然有少许污物,则可用洗液洗涤。但应注意,用洗液洗不能用刷子,不能用洗液洗涤含有乙醚的仪器,因为乙醚遇到洗液会发生猛烈爆炸,要特别注意。如果用洗液洗涤仍不干净,则用发烟硝酸充满放置过夜后冲洗。

仪器经上述洗涤后,可满意地用于有机操作。但如果用于精制产品或供有机分析用的仪器,最后还得用蒸馏水冲洗以除去自来水带来的杂质。

(二)仪器的干燥

仪器的干燥与否有时甚至是实验成败的关键。一般实验将洗净的仪器倒置一段时间后,若没有水迹,即可使用。有些实验要求无水操作,这时可将仪器放在烘箱中烘干。

但要注意在用烘箱干燥仪器时必须等烘箱冷到室温后才可以取出仪器,否则由于仪器温度较高,遇到冷空气就有水汽在器壁冷凝下来,从而达不到干燥的目的。

若需快速干燥,可用丙酮淋洗玻璃仪器,然后再经风干即可。用这种方法时,要让玻璃仪器里的水完全流尽,用一或二小份(约10mL)"洗涤丙酮"淋洗玻璃仪器。不应用试剂级的丙酮,所用丙酮不应超过建议用量,因为用大量丙酮决不会使干燥操作有所改善,反而增加了较贵的丙酮的浪费,用过的丙酮倒回废丙酮容器中。

(三)玻璃仪器的保养方法

(1)磨口仪器磨口处必须洁净,若粘有固体杂物,则使磨口对接不严导致漏气,若杂质过硬会损坏磨口。

(2)一般使用时磨口仪器无需涂润滑剂,以免玷污反应物或产物。若反应中强碱,则应涂润滑剂,以免磨口连接处因碱腐蚀粘牢而无法拆开。

(3)玻璃仪器用后应立即彻底清洗,特别是使用过氢氧化钠或烷氧基钠等强碱的玻璃仪器。如果让碱性物质与磨口玻璃接头接触而不迅速加以除去,接头就会粘住,再分开就很困难。

(4)特别要指出的是:分液漏斗的活塞和盖子都是磨砂口的,若非原配,就可能不严密。所以,使用时要注意保护它,各个分液漏斗之间也不要互相调换,用后一定要在活塞和盖子的磨砂口间垫上纸片,以免日后难于打开。

(5)粘住的接头:玻璃接头或玻璃瓶的瓶塞有时会黏在一起难以分开,这时可将接头放在工作台的橡皮台面上用木棒轻敲使其松动。若此法无效,可将接头放在热水中或放在蒸汽浴中加热,也可用热的吹风机加热接头。

五、有机化学实验中的加热与冷却

(一)加热

实验室常用的热源有煤气、酒精和电源。

为了加速有机反应的进行,往往需要加热,从加热方式来看有直接加热和间接加热,在有机化学实验中一般不用直接加热;为了保证加热均匀,常常使用间接加热的方法。间接加热传热介质有:空气、水、有机液体及石沙等。下面分别加以介绍。

1. 空气浴

空气浴就是利用空气间接加热,对于沸点80℃以上的液体均可采用,如:石棉网上加热,这是最简单的空气浴。但受热不均匀,不能用以回流低沸点易燃液体、减压蒸馏等。

最常用的空气浴就是电热套,它可加热到400℃,常用于回流加热,但温度不易控制,蒸馏或减压蒸馏不宜采用。

2. 水浴

水浴是最常用的热浴,加热温度不超过100℃的操作,均可采用水浴加热。但用钾、钠的操作,切勿用水浴加热。采用水浴加热时,水面一定要高于反应液的液面。

3. 油浴

油浴是加热温度100℃～250℃常用的热浴。常用的浴液有:

(1) 甘油:可以加热到140℃～150℃,温度过高会分解。

(2) 植物油:如菜籽油、蓖麻油、花生油等,可以加热到220℃,常加入1%对-苯二酚作抗氧化剂,温度过高会分解,达到闪点会燃烧,使用时小心。

(3) 液体石蜡:可加热到200℃左右,高温易燃。

(4) 硅油:可加热到250℃,透明度好,是理想的浴液,但价格较贵。

用油浴加热时,油量不能过多,以超过反应液面为宜,否则受热后,容易溢出发生火灾。加热完毕,取出反应器后,仍用铁夹夹住反应器离开液面悬置片刻,待反应器壁上油滴完后,用纸或干布擦净。

4. 沙浴

沙浴一般是将沙子装入干燥的铁盘中,将反应容器半埋入沙中加热。沸点80℃以上的液体均可采用,特别适于加热温度220℃以上者,但沙浴传热慢,温度上升慢,不易控制。

(二) 冷却

在有机化学实验中,有时需要使用低温冷却操作,如:

(1) 某些低温反应,如:重氮化反应一般在0℃～5℃进行。

(2) 沸点很低的有机化合物,用冷却方法来减少其挥发。

(3) 为了加速结晶的析出。

冷却剂的选择是根据冷却温度和要带走的热量来决定的。

水是最常用的冷却剂,价廉,热容量较高,但随季节的不同,冷却效果变化较大。

冰—水混合物:可冷至0℃～5℃。

冰—盐混合物:可冷至-5℃～-18℃,一般是将重量比3∶1的食盐撒在碎冰上。

干冰(固态二氧化碳):可冷至-60℃以下,加入适当溶剂如:丙酮,可冷至-78℃。

液态氮:可冷至-196℃。

注意:当温度低于-38℃时,不能使用水银温度计,因水银此时要凝固,应使用有机液体温度计。

六、干燥与干燥剂的使用

干燥就是除去附着在固体或混杂在液体或气体中的水分,也包括除去少量溶剂的过程。干燥是有机化学实验最常用的基本操作。

(一) 液体有机化合物的干燥

有机化合物的干燥方法,有物理方法和化学方法两种。物理方法不加任何干燥剂,如:分馏、分子筛脱水等。在实验室中最常用的是化学方法,就是向液态有机化合物中加入干燥剂。干燥剂有两类,一类干燥剂与水结合形成水合物;另一类干燥剂与水起化学变化。如：

$$CaCl_2 + 6H_2O \longrightarrow CaCl_2 \cdot 6H_2O$$
$$2Na + 2H_2O \longrightarrow 2NaOH + H_2\uparrow$$

液体有机化合物的干燥剂种类很多。各类干燥剂的性能及各类有机物的常用干燥剂见表 1 和表 2。

表 1　　常用干燥剂的性能与应用范围

干燥剂	吸水作用	干燥效能	干燥速度	应用范围
氯化钙	形成 $CaCl_2 \cdot nH_2O$ $n=1,2,4,6$	中等	较快，但吸水后表面为薄层液体所盖，故放置时间要长些为宜	能与醇、酚、胺、酰胺及某些醛、酮形成络合物，因而不用来干燥这些化合物。工业品中可能含氢氧化钙，故不能用来干燥酸类
硫酸镁	形成 $MgSO_4 \cdot nH_2O$ $n=1,2,4,5,6,7$	较弱	较快	中性，应用范围广，可用于干燥不能用氯化钙来干燥的许多化合物（如某些醛、酮、酯、腈、酰胺等）
硫酸钠	$NaSO_4 \cdot 10H_2O$	弱	缓慢	中性，一般用于有机液体的初步干燥
硫酸钙	$2CaSO_4 \cdot H_2O$	强	快	中性，常与硫酸镁（钠）配合，作最后干燥之用
碳酸钾	$K_2CO_3 \cdot 0.5H_2O$	较弱	慢	弱碱性，用于干燥醇、酮、酯、胺及杂环等碱性化合物，不适于酸、酚及其他酸性化合物
氢氧化钾（钠）	溶于水	中等	快	强碱性，用于干燥胺、杂环等碱性化合物，不能用于干燥醇、酯、醛、酮、酸、酚等
金属钠	$Na + H_2O \longrightarrow NaOH + 0.5H_2$	强	快	限于干燥醚、烃类中痕量水分。用时切成小块或压成钠丝
氧化钙	$Ca + H_2O \longrightarrow Ca(OH)_2$	强	较快	适于干燥低级醇类
五氧化二磷	$P_2O_5 + 3H_2O \longrightarrow 2H_3PO_4$	强	快，但吸水后表面为黏浆液覆盖，操作不便	适于干燥醚、烃、卤代烃、腈等中的痕量水分。不适用于醇、酸、胺酮等
分子筛（3埃或4埃）		强	快	中性，除不饱和烃，适用于各类有机化合物的干燥

表 2　　　　　　　　　　各类有机物常用的干燥剂

化合物类型	干燥剂
烃	$CaCl_2$, Na, P_2O_5
卤代烃	$CaCl_2$, $MgSO_4$, Na_2SO_4, P_2O_5
醇	K_2CO_3, $MgSO_4$, Na_2SO_4, CaO
醚	$CaCl_2$, Na, P_2O_5
醛	$MgSO_4$, Na_2SO_4
酮	K_2CO_3, $CaCl_2$, $MgSO_4$, Na_2SO_4
酸、酚	$MgSO_4$, Na_2SO_4
酯	$MgSO_4$, Na_2SO_4, K_2CO_3
胺	KOH, NaOH, K_2CO_3, CaO
硝基化合物	$CaCl_2$, $MgSO_4$, Na_2SO_4

选用干燥剂必须注意以下几点：

(1)所用干燥剂不与有机化合物发生化学反应或催化作用。

(2)干燥剂应不溶于液态有机化合物中。

(3)当选用与水结合生成水合物的干燥剂时，必须考虑干燥剂的吸水容量和干燥效能。

所谓吸水容量是指单位重量干燥剂吸水量的多少；干燥效能是指达到平衡时液体被干燥的程度。

干燥剂用量是很重要的，干燥剂用量不足达不到干燥的目的；干燥剂用量太大，则由于干燥剂吸附造成液体损失。由于要干燥的组分含水量不等，干燥剂质量差异，干燥剂颗粒的大小，干燥温度诸多因素的影响，较难确定干燥剂的用量。一般加入干燥剂后，振摇，放置片刻，若干燥剂附着在器壁上，说明干燥剂用量不足，需要补加干燥剂，直至有少量干燥剂不黏附在器壁上为止。

(二)固态化合物的干燥

固体在空气中自然晾干是最简便、最经济的干燥方法。把要干燥的物质先放在滤纸上面或多孔性的瓷板上面压干，再在一张滤纸上薄薄地摊开并覆盖起来，然后在空气中慢慢地晾干。

烘干可以很快地使物质干燥，把要烘干的物质放在表面皿或蒸发皿中，放在恒温烘箱中或用红外线灯烘干。在烘干过程中，要注意防止过热。容易分解或升华的物质，最好放在干燥器中干燥。

七、实验前的预习、实验记录及实验报告

(一)预习

实验前的预习是非常重要的。如果对于实验操作及其依据的理论理解得非常透彻，

了解主要反应,熟悉反应机理及操作步骤,就可在实验室内节约大量时间。

(二)实验记录

实验者必须养成一边进行实验一边在记录本上作记录的习惯。记录内容包括实验的全过程,如:加入样品的数量、每一操作过程所观察到的现象(包括温度、颜色的变化)和时间等,均应——记录。记录要求实事求是,如实反映反应进行的情况,文字力求简明扼要,特别是当发生的现象和预期相反或与实验教材所叙述的内容不一样时,应记录下实验的真实情况,并用明显的标记注明,以便探讨其原因。其他各项,如在实验过程中的一些准备工作、现象解释、称量数据等等,可以记在备注栏内,实验记录的格式可以列表如下:

时 间	操作步骤	现 象	备 注

(三)实验报告

实验目的

实验原理(反应式、主要副反应等)

仪器与主要试剂(用量、规格)

主要装置图

实验步骤及现象记录

实验一 熔点的测定

【实验目的】

1. 明确熔点测定的意义。
2. 掌握熔点测定的方法。

【实验原理】

晶体的熔点是在标准大气压下,固、液两态平衡时的温度。熔点是晶体物质的重要物理常数。纯粹的固体有机化合物一般都有固定的熔点,并且熔点距(即开始熔化到完全熔化的温度间距)也很短,只有 0.5℃～1℃。当有杂质存在时,固体有机化合物的熔点降低,熔点距扩大。

熔点是晶体物质的重要物理常数。熔点的测定常用来鉴定有机化合物,或判断它的纯度。

测定熔点的方法有毛细管法和显微熔点测定法。

【仪器与试剂】

熔点测定管,毛细管若干,温度计(150℃),酒精灯,表面皿,长玻璃管(1cm×50cm),小橡皮圈,铁架台(带铁夹)。

液体石蜡,尿素,苯甲酸,尿素和苯甲酸的混合物。

【实验步骤】

1. 毛细管的制备

取市售毛细管数根,将其一端封口。封口时将其一端放在酒精灯火焰上,慢慢转动加热,转速必须均匀(封口处不能弯曲,不能鼓成小球)。

2. 样品的填装

取少许样品于表面皿上,用玻棒研成细粉,聚成小堆。将毛细管开口的一端插入其中,样品就被挤压入毛细管中。然后将毛细管口朝上,从一根约 30～50cm 的玻璃管中滑落在实验台上,重复几次,使样品紧密平整地填装在毛细管底部,所装样品高度约 2～3mm。

3. 仪器装置

向熔点管中倒入浴液,使浴液面与熔点管的侧管上口平齐。再将熔点管夹于铁架台上。用橡皮圈将装好样品的毛细管上端套在温度计上，橡皮圈不要接触浴液。毛细管下端装有样品的部分应紧靠在水银球的中部。然后通过一个开口的软木塞将温度计插入熔点管中，水银球的位置恰好在侧管上口与下口之间。装置如图3所示。

4. 熔点的测定

测定已知物的熔点，可先查阅化学手册，获知真实熔点。实验中用酒精灯加热熔点管的弯曲侧管底部，约按每分钟5℃～6℃的速度升高温度，当与预期的熔点相差10℃～15℃时，改为小火加热，使温度每分钟上升约1℃。

仔细观察温度上升和毛细管中样品的情况。记下样品开始塌落、润湿并出现微小液滴时的温度（初熔）及固体全部消失时的温度（全熔），即为被测物质的熔点。如某物质在121℃初熔，122℃全熔，可记录为熔点121℃～122℃。

测定未知物的熔点，应先将样品填装好两根毛细管，先用一根迅速地测得熔点的近似值，待浴液温度下降约30℃后，置换第二根毛细管，用小火加热，仔细地测定样品的精确熔点。

易升华的物质，应用两端封闭的毛细管，毛细管全部浸入浴液中。对于易分解的样品（在到达熔点时，可见其颜色变化，样品有膨胀和上升现象），可把浴液预热到距熔点20℃左右时，再插入样品毛细管，改用小火加热测定。若到一定温度时样品完全分解而不熔化，应在熔点值中标记上"分解"二字。例如：某物质的熔点可记录为：131.5℃（分解）。

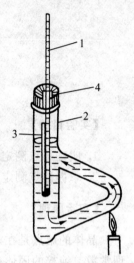

图3　熔点测定装置图
1—温度计；2—熔点测定管；
3—毛细管；4—缺口软木塞

【注　释】

(1)浴液一般用浓硫酸或液体石蜡。浓硫酸可加热到250℃～270℃，加热时必须小心，不可使温度过高，以免硫酸分解，放出SO_3；此外，要防止硫酸触及皮肤而灼伤。液体石蜡可加热到200℃～210℃，但其蒸气可燃，操作时应多加注意。

(2)毛细管填装样品的量直接影响样品的测定，样品过多，使其熔程变长；样品过少，不易观察。

(3)加热速度对温度计读数影响较大，加热过快，读数偏高；加热过慢，则读数偏低。

【思考题】

1. 影响熔点测定准确性的因素有哪些？
2. 有两瓶白色结晶状的有机固体，分别测得熔点为：130℃～131℃和130.0℃～130.5℃，如何鉴别两种物质是否相同？

【附1】显微熔点测定仪的使用

毛细管法虽有其优点，但样品用量比较大，且不能观察样品熔解的全过程，显微熔点测定仪（见图4）的优点是：①可测微量样品的熔点；②可测高熔点（至300℃）的样品；③可通过放大镜观察样品熔解的全过程。

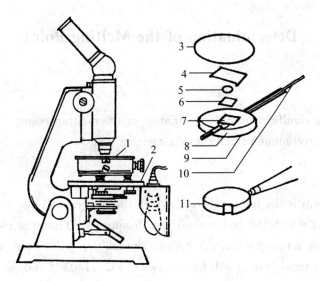

图 4　考费勒微量熔点测定仪示意图
1—调节载玻片支持器的把手；2—显微镜台；3—有磨砂边的圆玻璃盖；
4—桥玻璃；5—薄的盖玻片；6—特殊玻璃载片；7—可移动的载玻片支持器；
8—中有小孔的加热板；9—与电阻箱相连的接头；10—校正过的温度计；
11—冷却加热板的铝片

测定时，先将载玻片洗净擦干，放在一个可移动的支持器内，将微量样品放在载玻片上，使样品位于电热板中心的空洞上，用一覆片盖住样品，放上桥玻璃和玻璃盖。调节镜头焦距，以看到清晰的样品晶形。开启加热器，用可变电阻调节加热速度。当温度接近熔点时，控制温度上升的速度为1℃/min～2℃/min，当样品的棱角变圆时，是熔点的开始，结晶完全消失是熔点的完成。记录样品的熔程。

测定熔点后，停止加热，稍冷，用镊子除去圆玻璃盖、桥玻璃及载玻片，将一厚盖放在加热板上加快冷却，而后清洗玻片以备后用。

【附2】实验报告
(1) 实验目的
(2) 实验原理
(3) 仪器与试剂
(4) 操作步骤
(5) 结果记录与讨论

样　品	第一次	第二次	标准值
尿　素			
苯甲酸			
尿素、苯甲酸混合物			

Determination of the Melting Point

Objective

1. Define the significance of determination of the melting point.
2. Learn the technique of determining melting points.

Principle

A melting point is the temperature at which the first crystal just starts to melt until the temperature at which the last crystal just disappears. Thus the melting point (abbreviated M. P.) is actually a melting range. The melting point range of a solid organic compound, if very nearly pure, will be narrow (0.5℃~1.0℃) and the substance is said to melt sharply. The presence of impurities, even in minute amount, usually depresses, or lowers the melting point and widens the range.

The melting point is an important physical constant of crystalline substance. The melting point is useful not only as a means of identification but also as a criterion of purity.

Apparatus and Chemicals

Capillary tube, Thermometer, Rubber ring, Thiele tube, Liquid paraffin.
Urea, Benzoic acid, Mixture of urea and benzoic acid.

Procedure

1. Seal the capillary tube at one end

Light a burner and slowly touch the end of the tube to the side of the flame, rotate it slowly.

2. Load the capillary tube with sample

Place a small amount of sample on a piece of clean paper or clay plate. Crush the material to a fine powder with the spatula and scrape it into a small mound. Fill one of the capillary tubes by rushing the open end into the mound of powder, when a small plug of powder has collected in the opening of the capillary tube; work the material down to the sealed end. Repeat this process until a column of powder about 2~3mm in height have collected in the capillary tube. Tamp the powder compactly in the capillary by dropping it on the desk several times through a 30~50cm length of glass tube.

3. Assemble the apparatus

Determination of the melting point requires a thermometer and a means of heating the sample. The capillary-tube method is the most commonly used method, which is illustrated in figure 3.

Support a thiele tube on a ring stand. Using a buret clamp, and fill the tube to the top of the upper arm with clear liquid parafins. Attach the capillary tube to the thermometer with a rubber ring, and immerse in the parafins.

4. Determination of the melting point

Heat the oil bath gently with a small flame. The temperature may be allowed to rise fairly rapidly to within 15℃~20℃ below the expected melting point of the compound, then the burner should be adjusted so that the temperature rise to less rapidly than 2℃~3℃ per minute during the actual determination of the melting point. Watch the sample closely and check the temperature reading frequently. Write down the temperature at which the first visible softening of the sample is noted. Continue heating at 2℃~3℃ per minute and note the temperature at which all of the material has turned to liquid. The two values determined are defined as the melting point range or the melting point. For example, M. P. 147℃~149℃.

Notes

1. Never heat a closed system. Always vent the tube.
2. Don't heat the bath too fast; the thermometer reading will lag behind the actual temperature of the heating fluid.

Problems

1. Which factors can influence the precision of determining melting points?
2. There are two bottles of organic compounds, the melting points of them were determined as 130℃~131℃ and 130.0℃~130.5℃. Use a simple method to judge whether the two compounds are the same compound.

Affixation

The requirement of experiment report
1. Objective
2. Principle
3. Apparatus and chemicals
4. Procedure
5. Results and discussion

Sample	First time	Second time	Standard value
Urea			
Benzoic acid			
Mixture of urea and benzoic acid			

实验二　沸点的测定及常压蒸馏

【实验要求】

1. 明确沸点测定的意义。
2. 掌握普通蒸馏原理及操作方法。

【实验原理】

液体受热后,当它的蒸气压力与外界大气压相等时,液体开始沸腾,这时的温度就是该物质在此压力下的沸点。纯的液态物质在一定大气压下具有恒定的沸点,且沸点的温度范围(称为沸程)较小,通常为 1℃~2℃。挥发性及非挥发性杂质都会影响沸点。

沸点是液态物质的重要物理常数。沸点的测定也常用于鉴定有机物质或判断其纯度。

值得注意的是,具有恒定沸点的液态物质不一定都是纯的化合物,因为有些液态物质常与其他组分成二元或三元共沸混合物,它们也有恒定的沸点。例如:氯化氢与水可形成沸点为 108.5℃ 的二元恒沸混合物(含水 79.8%);乙醇与水可形成沸点 78.2℃ 的二元恒沸混合物(含水 4.4%)。

根据样品用量的不同,测定沸点的方法可以分为常量法和微量法两种。常量法测定沸点的基础是蒸馏。把液体加热变为蒸气,然后再使蒸气冷凝并收集于另一容器中的操作叫做蒸馏。蒸馏是分离或提纯有机物质常用的方法之一。微量法用微量沸点管和毛细管进行测定。

【仪器与试剂】

磨口蒸馏烧瓶,直形冷凝管,真空尾接管,蒸馏头,标准接头(14∅)、温度计(100℃),温度计接头(14φ),量筒,浴锅,铁架台(附铁夹),橡皮管,沸石少许,橡皮管。

无水乙醇(A.R)

【实验步骤】

1. 常压蒸馏装置

常压蒸馏装置见图 5。主要包括:蒸馏瓶、冷凝器及接受器三部分。

安装时,取一磨口蒸馏烧瓶与蒸馏头相连,将温度计穿过橡皮管插入温度计接头中,再与蒸馏头相接。调整温度计的位置,使蒸馏时它的水银球能完全被蒸气所包围。通常水银球的上端应恰好位于蒸馏头支管的底边所在的水平线上(如图 5 所示),把蒸馏瓶夹在铁架台上,并放入水浴中。

将冷凝管夹在另一铁架台上(夹住冷凝管的中上部),冷凝管的斜度应与蒸馏头侧管的斜度相同。侧管与冷凝管相连。

将冷凝管下端的侧管用橡皮管与水源连接,上端的侧管用橡皮管通入水槽中,冷凝管的末端与真空尾接管相连,并用铁夹将真空尾接管固定在另一铁架台上,其末端与接收瓶(磨口蒸馏烧瓶)相接。

2. 沸点的测定

用干燥的量筒量取 15mL 无水乙醇,倒入蒸馏烧瓶中,加几粒沸石于瓶中以防止爆沸。按图 5 安装好蒸馏装置。整个装置要安装平稳,接口处不得漏气。在蒸馏过程中要随时检查接口是否严密以防蒸气逸出。将蒸馏瓶放入水浴中,水面略高于瓶内液体的液面。缓慢开启自来水管,使水流平稳流过冷凝管。加热水浴使水沸腾。注意观察蒸馏瓶内液体沸腾、蒸发的情况及温度的变化,当第一滴冷凝液滴入接受瓶时,记下温度。继续加热,直至蒸馏瓶中仅剩少量液体时(不要蒸干),再记录一次温度。起始及最终的温度,就是样品的沸点,两个温度之差即为样品的沸程。根据沸程的大小,便可判断样品是否纯净。

蒸馏完毕,应先停火,移走热源,待稍冷却后,关好冷却水,拆除仪器。

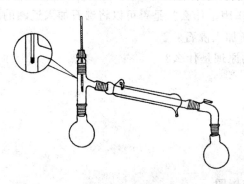

图 5　常压蒸馏装置

3. 微量法测沸点

取直径 4～5mm,长 5～6cm 的玻璃管一段,密封其一端(或用已制好的小试管),内放试液 2～3 滴。在管内放入一根直径约 1mm,上端密封的毛细管(长约 7～8cm),上述微量沸点管装妥后,将其用橡皮圈固定在温度计的一侧,其底部在水银球中间。然后将整套装置放入浴液中。将浴液慢慢加热,使温度均匀上升,当达到样品沸点时,可看到内管下端连续地有小气泡出现,当管内出现大量快速而连续的气泡时,说明毛细管内的空气已完全被试液的蒸气所换出,即停止加热。随着温度的降低,气泡逐渐减少,记下最后一个气泡刚欲缩回毛细管中时的温度,也就是液体的蒸气压与大气压平衡时的温度,即试液的沸点。

图 6　微量法测沸点

【注　释】

(1) 冷凝器的选择根据液体的沸点而定，液体沸点高于130℃者应用空气冷凝器，低于130℃者则用冷水冷凝器。

(2) 选用蒸馏瓶时，一般应使所盛液体的用量不少于蒸馏瓶容积的1/2，不多于2/3。

(3) 为了消除液体在加热过程中的过热现象和防止液体爆沸，蒸馏前切勿忘记加入沸石。对于中途停止蒸馏的液体，在继续蒸馏前，应补充新的沸石，其原因是原有的沸石空隙内已充满了液体而失去止爆作用。

(4) 热源的选择根据液体的沸点而定。沸点在80℃以下的易燃液体，宜用沸水浴为热源；高沸点的液体可用油浴或沙浴。有机液体一般不用直火加热。

(5) 普通蒸馏装置不能密闭，以免由于瓶内蒸气压力过大而发生爆炸。常压蒸馏时，真空尾接管应与大气相通。若蒸馏液为有毒或腐蚀性质，应由橡皮管导入水槽或吸收液中；若蒸馏液易吸水，则在真空尾接管的侧管上装一干燥管，再与大气相通。

【思考题】

1. 蒸馏装置中，温度计位置对温度读数有何影响？什么是最佳位置？
2. 蒸馏有机物为什么不能用直火加热？
3. 蒸馏时，沸石的作用是什么？是否可以将沸石加入近沸的溶液中？重新蒸馏或补加溶液后，是否需要重新加入沸石？
4. 微量法测沸点的原理是什么？

【附】实验报告

1. 实验目的
2. 实验原理
3. 仪器与试剂
4. 画出常压蒸馏装置图
5. 结果记录

流出量	第1滴	2mL	4mL	6mL	8mL	10mL
沸点(℃)						

Determination of the Boiling Point and Distillation

Objective

1. Define the significance of determination of boiling point.
2. Learn the operation of simple distillation and the method of determination of

boiling point.

Principle

1. Boiling point

As liquid is heated when its vapor pressure is equal to 1 atmosphere (or outside pressure), boiling occurs, and the temperature at this pressure is called the boiling point (B. P.).

2. Boiling point range.

The temperature range at which the distilled liquid is all evaporated is called boiling point range.

3. Distillation.

$$\text{Liquid} \xrightarrow{\text{heat}} \text{Gas} \xrightarrow{\text{cool}} \text{Liquid}$$

The liquid turns to gas by heating, this step is called vaporizing, and gas turns to liquid again by cooling, this step is called liquefying. All course are called distillation.

4. The significance of determination of B. P.

(1) The boiling point is an important physical constant of liquid substance.

(2) The boiling point is useful not only as a means of identification but also as a criterion of purity. Thus, distillation is often used for separation and purification of organic substance.

Apparatus and Chemicals.

Distilling flask, Condenser, Distillation head, Adapter, Rubber tubing, and Water bath. Funnel, Rubber collar, thermometer, Iron stand, Boiling stones.

Absolute alcohol(A. R)

Procedure

The apparatus for a simple distillation will be assembled as illustrated in Figure 5. The distilling apparatus include three parts: Distilling flask part, condenser part, and acceptor part.

First clamp the flask to a iron stand. Add several boiling stone (porous clay or carborundum) to minimize bumping during the distillation, then using a funnel add 15mL of absolute alcohol to the flask. Mount an iron ring below the flask and place a water bath on the ring, adjust the height of the ring or flask so that the bottom of the flask do not contact with water bath, then fit the distillation head into the neck of the flask and attach the rubber collar to hold the thermometer. Clamp the condenser to a second iron stand, supporting the weight at the midpoint with the fixed side of the clamp and screwing down lightly with movable side. Adjust the height and angle of the condenser to match that of the side arm on the distillation head (Never leave the condenser hanging unsupported from the distilling adaptor!). Place the distillate take-off adapter snugly on the opposite end of the condenser. Connect the hose attached to the lower end of the condenser to a water supply and place the free end of the other hose securely in the water through. Place a 10mL graduated cylinder under the adapter to act as a receiver for the distillate, make sure that all the ground-glass connections and water connections are tight. Watch carefully as the layer of warm vapor rises slowly into the distilling adapter and begins to bathe the thermometer bulb. In the following table, record the boiling point temperature at first drop of distillate having been collected in the receiving cylinder. This value will be considered as the initial boiling point of the solution. During the course of the distillation, the boiling point will be recorded each 2mL fraction of distillate having been collected, up to a total distillate volume of 10mL. Finally, turn off the heat resource first and then the flow of condenser water when the in the flask cools down. CH_3CH_2OH B. P. 78℃

Notes

1. The distilling apparatus from the left to right must be a linear
2. Please put a few boiling stones and open the running water before heating, never forget!
3. Whenever a condenser is used, whether in distillation or reflux procedure, the water should always enter at the lower inlet position, so that the resulting "uphill" flow of water will completely fill the condenser jacket. Leaving no air pockets.

Problems

1. Why are boiling stones not added into a heated liquid?
2. What's the best position for the themometer in the distillation apparatus? Why?

Affixation

The requirement of experiment report
1. Objective
2. Principle
3. Apparatus and chemicals
4. Procedure
5. Results and discussion

Distillate (Volume)	First drop	2mL	4mL	6mL	8mL	10mL
Boiling Point(℃)						

实验三 减压蒸馏

【实验目的】

1. 了解减压蒸馏的基本原理及其应用。
2. 掌握减压蒸馏仪器装置的安装及操作技术。

【实验原理】

液体的沸点是指它的蒸气压等于外界大气压时的温度,所以液体沸腾的温度是随外界气压的降低而降低的。若用真空泵连接盛有液体的容器,使液体表面上压力降低,即可降低液体的沸点。这种在较低压力下进行蒸馏的操作称为减压蒸馏,又称为真空蒸馏。一般高沸点有机化合物,当压力降低到 2.666×10^3 Pa 时,其沸点比常压的沸点低 100℃~200℃,减压蒸馏装置如图 7 所示。

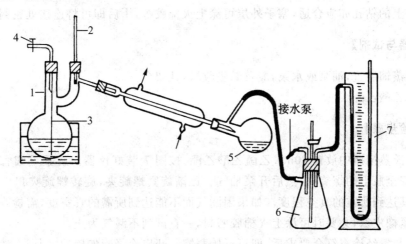

图 7 减压蒸馏装置

1—蒸馏烧瓶;2—温度计;3—毛细管;4—螺旋夹;
5—圆底烧瓶;6—安全瓶;7—水银压力计

整套装置分为蒸馏、接收、抽气系统三部分。

减压蒸馏常用克氏(claisen)蒸馏瓶,它具有两颈,可避免蒸馏瓶内液体由于暴沸或起泡而冲入冷凝管中。带支管的瓶口插入温度计,另一瓶口插入一根末端拉细管,毛细管伸至距瓶底 1~2mm 处。在减压蒸馏时,空气由毛细管进入瓶中,冒出气泡,以防止液体过热而引起暴沸,并使沸腾保持平稳,同时又起到一定的搅拌作用。毛细管的管孔要适中,太细则进气量不足难以促成气泡,太粗则进气量太大影响真空系统的真空度,而且沸腾不正常,往往造成泡沫过多而冲入冷凝管中。因此常在毛细管的上端套一橡皮管,并用螺旋夹夹住,以调节进入烧瓶的空气量,使液体保持适当程度的沸腾。

减压蒸馏装置中的接收器常用蒸馏烧瓶或吸滤瓶,因为它们能耐外压。切不可用平底烧瓶或三角烧瓶。若要连续收集不同沸点范围的蒸馏液,则可采用多尾接液管。

根据馏出液沸点的不同,选用合适的热浴和冷凝管。不允许在石棉网上直接加热,也不能在减压情况下向水浴或油浴中加入冷的水或油。热浴的温度较液体沸点高约 20℃~30℃。蒸馏沸点较高的物质,最好用石棉绳或石棉布包裹蒸馏瓶的两颈,以减少热量的散失。

实验室内常用水银压力计来测定减压系统的压力。压力计有开口式或封闭式两种。图 7 是封闭式压力计,它是在 U 形管内装入汞,使封闭的一端充满汞。当压力计接到真空装置上时,封闭管内的汞柱开始下降,直到停留于一定高度。此时两管内汞平面之差即等于减压系统的压力。

在抽气泵前面还应接上一个安全瓶(或抽滤瓶代替),瓶上玻璃管的螺旋夹供调节压力或放气之用。抽气泵有油泵和水泵两种。若用油泵,则需在安全瓶和油泵之间装置一系列洗气瓶或吸收塔以吸收水蒸气和其他能腐蚀油泵的气体,保护油泵。用水泵则比较方便,但真空度较差。

减压蒸馏系统必须保持密封不漏气,所以常用耐压橡皮管连接。所用的橡皮管的大小和塞子上的钻孔亦应合适,塞子外层可涂上火棉胶等,干后即可将连接处密封。

【仪器与试剂】

减压蒸馏装置,油泵或水泵,酸及碱吸收塔,铁架台。
乙酰乙酸乙酯

【实验步骤】

在克氏蒸馏瓶中放置 20mL 乙酰乙酸乙酯,按图 7 装好仪器。旋紧毛细管上的螺旋夹,打开安全瓶上的螺旋夹,然后开泵抽气。逐渐旋紧螺旋夹,旋转螺旋夹口以调节空气流量,使其达到所需的真空程度。如果因漏气而不能达到所需的真空度,需检查所有连接部位,塞紧橡皮塞,必要时可涂上火棉胶密封,一直试到不漏气为止。

仪器装置经检查符合要求后,即可开始蒸馏。开启冷凝管连接的水龙头,然后将水浴加热至沸。克氏蒸馏瓶的圆球部位至少应有 2/3 浸在水浴中,使每秒钟蒸出 1~2 滴馏液。在整个蒸馏过程中,应该常注意蒸馏情况和记录压力、沸点等数据,如有需要可调节螺旋夹,使液体在一定压力下保持平稳沸腾。

蒸馏完毕时,先停止加热,撤去水浴,待稍冷后,慢慢开启安全瓶上的活塞及毛细管上的螺旋夹,使系统内外压力平衡,最后关闭油泵。

若使用开口压力计,则应先从气压表上观察大气压力。将压力计标尺的读数减去水银瓶中水银的高度,即得水银柱升高的毫米数,从大气压减去水银柱升高的毫米数,即得到蒸馏时的压力。

【思考题】

1. 什么叫减压蒸馏？怎样的化合物可利用减压蒸馏加以提纯？
2. 要使减压系统达到最大的真空，应注意的问题是什么？

【附】实验报告

1. 实验目的
2. 实验原理
3. 实验记录

实验四　水蒸气蒸馏

【实验目的】

1. 学习水蒸气蒸馏的原理及应用。
2. 掌握水蒸气蒸馏的装置及操作方法。

【实验原理】

水蒸气蒸馏是用来分离和提纯液态或固态有机化合物的一种方法。当向不溶或难溶于水的有机物中通入水蒸气时,系统内的蒸气压等于水和有机物蒸气压之和,当其值与大气压相等时,混合物沸腾,两者同时被蒸出,这时混合物的沸点低于任何一个组分的沸点。借此可安全地蒸出那些接近或到达沸点时易分解的有机物。

被提纯物质必须具备以下几个条件:

(1) 不溶或难溶于水;
(2) 共沸时与水不发生化学反应;
(3) 在 100 ℃左右时,必须具有一定的蒸气压 0.067～0.133kPa(5～10mmHg),并能随水蒸气挥发。

水蒸气蒸馏常用于下列几种情况:

(1) 混合物中含有大量的树脂状杂质或不挥发杂质,采用蒸馏、过滤、萃取等方法难于分离;
(2) 某些高沸点的化合物,常压蒸馏会分解、变质、变色等;
(3) 从较多的固体反应物中分离被吸附的液体。

【仪器与试剂】

水蒸气发生器,蒸馏装置,玻璃弯管,螺旋夹,三角瓶。
萘

【实验步骤】

取 4g 萘加入圆底烧瓶中,加水于发生器内,连接好装置如图 8 所示。

实验四 水蒸气蒸馏

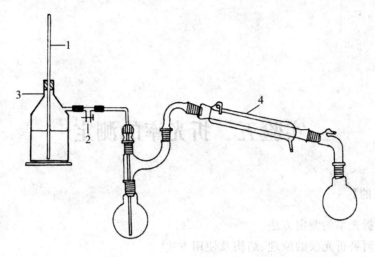

图8 水蒸气蒸馏装置
1—安全管；2—T形管；3—水蒸气发生器；4—冷凝管

加热水蒸气发生器，当水沸腾后，立即关闭T形管的螺旋夹，使水蒸气通入烧瓶中。此时，可看到瓶中的混合物翻腾不息，不久在冷凝管中就出现有机物质和水的混合物。调节火焰使瓶内的混合物不致飞溅得太厉害，并控制馏出液的速度约为每秒钟2~3滴。待馏出液无油珠，澄清透明时，蒸馏结束。先打开T形管的螺旋夹，再关掉酒精灯，将产品抽滤、干燥，测熔点。

【注 释】

(1)发生器内水的量不能超过其容积的3/4，瓶中插一根安全管，蒸馏过程中，要适时补加水。

(2)导气管一定要插入烧瓶的底部，为防止大量的水蒸气冷凝在烧瓶中，常在烧瓶下方用小火加热。

(3)圆底烧瓶应当用铁夹夹紧。

【思考题】

1. 水蒸气蒸馏的原理是什么？其适用范围是什么？
2. 进行水蒸气蒸馏时，蒸汽导入管末端为什么要插入到接近于容器底部？
3. 若试验完毕，先关掉蒸汽发生器的酒精灯，有何结果？

【附】实验报告

1. 实验目的
2. 实验原理
3. 仪器与试剂
4. 画出水蒸气蒸馏装置图
5. 结果记录

实验五　折光率的测定

【实验目的】

1. 掌握折光率的测定方法。
2. 熟悉阿贝折光仪的原理、结构及使用方法。

【实验原理】

折光率是物质的特性常数,固体、液体和气体都有折光率,尤其是液体,记载更为普遍。折光率不仅作为物质纯度的标志,也可用来鉴定未知物。如分馏时,配合沸点,作为划分馏分的依据。物质的折光率随入射光线波长不同而变,也随测定时温度不同而变,通常温度升高 1℃,液态化合物折光率降低 $3.5\times10^{-4}\sim5.5\times10^{-4}$,所以,折光率($n$)的表示需要注明所用光线波长和测定的温度,常用 n_D^t 来表示。例如,水的折光率 $n_D^{20}=1.3330$,说明是用钠光源(钠光谱中 D 线的波长为 589.3nm)在 20℃时测得的水的折光率[1]。

当光线由一种透明介质进入另一种透明介质时,即产生折射现象,如图 9 所示。此时,入射角(α)的正弦与折射角(β)的正弦之比为一常数。即光线由介质 A 射入介质 B 时的折射率。用数学式表示如下:

$$n=\frac{\sin\alpha}{\sin\beta}$$

通常以空气(介质 A)作为标准介质,当光线由空气进入另一种物质(介质 B)时,此时折光率为光在空气中的速率和在待测介质中的速率之比,即:

$$n=\frac{V_{空}}{V_{液体}}=\frac{\sin\alpha}{\sin\beta}$$

由于光线在空气中的速度比在液体中的速度大,所以液体的折射率总是大于 1。如果介质 A 对于介质 B 是光疏介质,则折射角 β 必小于入射角 α。当入射角 $\alpha=90°$ 时,$\sin\alpha=1$,这时折射角达到最大值,称为临界角,用 β_0 表示如图 9 所示,则介质不同,临界角也不同,根据临界角的大小,由上式便可导出物质的折光率。为了测定临界角,阿贝折光仪采用了"半明半暗"的方法,就是让单色光由 0°~90°的所有角度从介质 A 射入介质 B,这时介质 B 中临界角以内的整个区域均有光线通过,因而是明亮的;而临界角以外的全部区域没有光线通过,因而是暗的。明暗两区界线十分清楚。如果在介质 B 上方用一目镜观察就可以看见一个界限十分清晰的半明半暗的图像如图 10 所示。此时,在另一目镜中就可以直接读出该物质的折光率(仪器本身已将临界角换算成折光率)。

实验五 折光率的测定

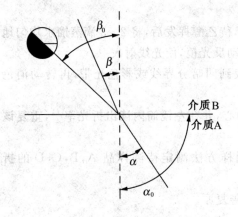

图 9 光的折射现象

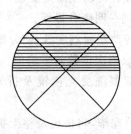

图 10 阿贝折光仪在临界角时目镜视野图

实验室常用的 WZS-1 型阿贝折光仪示意图如图 11 所示。

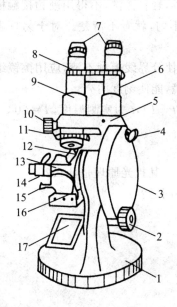

图 11 WZS-1 型阿贝折光仪示意图
1—底座；2—棱镜转动手轮；3—圆盘组(内有刻度板)；4—小反光镜；5—支架；
6—读数镜筒；7—目镜；8—望远镜筒；9—示值调节螺钉；10—色散棱镜手轮；11—色散值刻度圈；
12—棱镜锁紧扳手；13—棱镜组；14—温度计座；15—恒温器接头；16—主轴；17—反光镜

【仪器与试剂】

WZS-1 型阿贝折光仪。
95% 乙醇，蒸馏水，待测样品 A，B，C，D。

【实验步骤】

1. 将折光仪置于干净桌面上，和恒温水浴相连，调节至所需温度(通常为 20℃ 或

25℃),恒温。

2. 用95%乙醇擦洗受光棱镜及折光棱镜[2],待乙醇挥发后,将2~3滴蒸馏水均匀地置于磨砂面棱镜上[3],将棱镜锁紧扳手扣好。转动反光镜,使光线射入[4]。

3. 先轻轻转动左面刻度盘,并在右镜筒内找到明暗分界线或彩色光带,再转动消色散镜,便看到一明晰分界线。

4. 再转动左面刻度盘,使分界线对准叉线中心,并在左镜筒内读出折光率[5],重复该操作一次,取两次读数的平均值。

5. 仔细擦洗受光棱镜及折光棱镜后,用同样方法测定待测样品A,B,C,D的折光率[6]。

6. 实验完毕,将棱镜及整架折光仪擦净,妥善复原。

【注　释】

(1)阿贝折光仪有消色散装置,可直接使用日光,测定结果与钠光灯的结果一样。
(2)用擦镜纸蘸取少量乙醇,轻轻擦洗,不得用硬物接触棱镜表面。
(3)若液体放得少或分布不匀,就看不清楚。对于易挥发液体应以敏捷熟练的动作测定。
(4)若棱镜背部有湿气,致使分界线模糊不清,应用擦镜纸擦干。
(5)刻度盘旁有一小反光镜,能使刻度明亮。
(6)$n_D^{20}=n_D^t+0.00045\times(t-T)$,$t$为实测温度,$T=20℃$。

【思考题】

1. 测定折光率有什么意义?其折光原理是什么?
2. 使用折光仪应注意哪些问题?

【附】实验报告

1. 实验目的
2. 实验原理
3. 仪器与试剂
4. 结果记录与讨论

n_D	实测值	理论值	校正值	差　值	样品名称
A					
B					
C					
D					

Determination of the Refractive Index

Objective

1. Define the significance of determination of the index of refraction.
2. Master the method of determination

Principle

The velocity of a ray of light in air is 2.998×10^8 m/s, but is less in transparent liquids of greater density. As a ray of light passes from air to a denser medium, it decreases in velocity. This causes the ray to be bent toward the perpendicular (Figure 9) at the point of entry of the ray of light, that is, from the point where it intersects the surface of the liquid. The ratio of the velocity of light in air (V_{air}) is defined as *refractive index*, or *the index of refraction* (n) of the liquid :

$$n = \frac{V_{vacuum}}{V_{liquid}} = \frac{\sin\alpha}{\sin\beta}$$

Wherein

$n =$ the refractive index at a specified centigrade temperature and wavelength of light

$\alpha =$ the angle of the incidence of the beam of light striking the surface of the liquid

$\beta =$ the angle of refraction of the beam of light in the medium(Figure 9)

The calculated refractive index depends on the temperature of the liquid and the wavelength of the light used. In normal practice, the refractive index is recorded using the D line of the sodium spectrum (wavelength $= 589 \text{nm}^{-1}$) at a temperature of 20℃. Under these conditions, the refractive index is reported in the following form:

$$n_D^{20} = 1.4892$$

The superscript indicates the temperature, and the subscript indicates that the sodium D line was used for the measurement.

If the measurement is made at other than 20℃, a temperature correction must be applied. The refractive index can be determined to an accuracy of approximately one part per 10,000 for the pure liquid and is normally recorded using four significant figures. Since the value can be determined with such great accuracy, it is of greater precision than melting points, boiling points, and similar physical constants as a means of identification of a pure liquid. In practice it is very difficult to obtain a liquid sufficiently pure to give the values recorded in the handbook for various compounds.

The instrument used to measure the refractive index is called a refractometer. The most common instrument is the Abbé refractometer (Figure 11).

Apparatus and Chemicals

WZS-1 Abbé refractometer, 95% ethanol, distillation water, unknown samples of A, B, C, D.

Procedure

You will be given unknown samples of A, B, C, D. Your task is to identify the substance by refractomery.

1. Begin circulation of water from the constant-temperature bath well in advance of using the instrument if the system is to be operated at other than room temperature.

2. Check the surface of the prisms for residue from the previous determination. If the prisms need cleaning, place a few drops of 95% ethanol on the surface and blot the surfaces with lens paper.

3. Squeeze gently the prism handles and swing open the upper prism. Drop two or three drops of the liquid onto the lower prism without touching its surface using an eyedropper. Lower the upper prism and lock it into position. For volatile liquids introduce the sample from an eyedropper into the channel alongside the closed prisms.

CAUTION: *Do not touch face of prism with glass eyedropper. To do so might ruin the prism by scratching its face.*

4. Turn on the light and look into the eyepiece. Now adjust the light and the coarse adjustment knob until the field seen in the eyepiece is illuminated so that the light and dark regions are separated by as sharp a boundary as possible. Figure 10 illustrates a field with dark and light portions.

5. Press the refractive index scale button and read the value that appears on the field. Now move the boundary out from the cross hairs and recenter it to get a second reading. Take several replicate readings and report the average value. Record the temperature and the make and the model of the instrument.

6. Open the hinged prism and wipe the sample off the prism face with a soft clean cotton or linen cloth or lens paper. Then dampen cloth or lens paper with ethanol, ligroin or petroleum ether and wipe off prism face again after use.

CAUTION: *Do not use paper towels or paper products other than lens papers. Paper products can scratch the face of the prism*

Notes

1. Correcting the index of refraction for temperature.

The refractive index decreases with increasing temperature. The amount of change is approximately 0.00045 per degree Celsius. We can determine the refractive index corrected to 20℃ using the formula in which nDt equals the value of the experimental refractive index recorded at a temperature t

$$n_D^{20} = n_D^t + (0.00045)(t - 20℃)$$

Note that at experimental temperatures greater than 20℃, n_D^{20} is less than n_D^t.

Example: $n_D^t = 1.3667, t = 25.2℃$

Calculate n_D^{20}, where

$$\begin{aligned}n_D^{20}D &= n_D^t + (0.00045)(t - 20℃) \\ &= 1.3667 + (0.00045)(25.2℃ - 20℃) \\ &= 1.3667 + (0.00045)(5.2℃) = 1.3690\end{aligned}$$

2. If the boundary has colors associated with it and / or appears somewhat diffuse, rotate the compensator drum on the face of the instrument until the boundary becomes noncolored and sharp.

3. When you determine refractive index on toxic substance, work in a hood.

Problems

A compound has a refractive index of 1.3968 at 17.5℃, please calculate its refractive at 20.0℃.

Affixation

The requirement of experiment report

1. Objective
2. Principle
3. Apparatus and chemicals
4. Procedure
5. Results and discussion

n_D	Practical value	Theoretical value	Difference value	Sample name
A				
B				
C				
D				

实验六 旋光度的测定

【实验目的】

1. 掌握旋光度的测定原理。
2. 熟悉旋光仪的结构和旋光度的测定方法。

【实验原理】

每一种旋光性物质在一定条件下都有一定的旋光度,通过测定旋光度不仅可以鉴定旋光性物质,而且可以检测其纯度及含量。

旋光性物质的旋光度数值,不仅取决于这种物质本身的结构和配成溶液时所用的溶剂,而且也取决于溶液的浓度、旋光管的长度、测定时的温度和光波的长度。因此这些因素必须加以规定,使其成为一常数。通常用比旋光度$[\alpha]$表示。下式为溶液的比旋光度:

$$[\alpha]_\lambda^t = \frac{\alpha}{C \times L}$$

式中,α 为由旋光仪测得的旋光度;L 为旋光管的长度,以分米为单位;λ 为所用光源波长,通常用的是钠光源($\lambda=589.3nm$),以 D 表示;t 为测定时的温度;C 为溶液浓度,单位是 g/mL。

如果被测物质本身是液体,可直接放入旋光管中测定,而不必配溶液,纯液体的比旋光度用下式表达:

$$[\alpha]_\lambda^t = \frac{\alpha}{d \times L}$$

式中,d 为纯液体的密度,单位是:g/cm³

测定物质旋光度的仪器就是旋光仪,实验室常用 WXG-4 小型旋光仪,其外形及光学系统分别见图 12 和图 13。

实验六 旋光度的测定

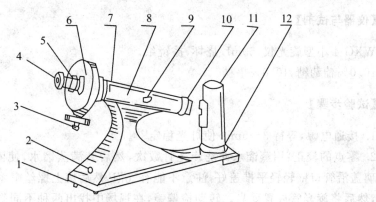

图 12 WXG-4 型旋光仪的外形图
1—底座;2—电源开关;3—度盘转动手轮;4—放大镜座;
5—视度调节螺旋;6—度盘游标;7—镜筒;8—镜筒盖;
9—镜盖手柄;10—镜盖连接图;11—灯罩;12—灯座

WXG-4 型旋光仪的光学系统示于图 13。本仪器主要部分为两块尼科尔棱晶的长管子,第一块是固定的棱晶即起偏镜(5),它的功能是把通过聚光镜(3)及滤色镜(4)的光变成平面偏振光,然后在半波片(6)处产生三分视场。第二块是可以旋转的尼科尔棱晶,即检偏镜(8),它的功能是测定被测物质使偏振面旋转的角度。

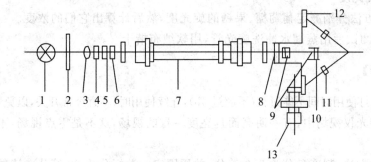

图 13 WXG-4 型旋光仪的光学系统图
1—光源;2—毛玻璃;3—聚光镜;4—滤色镜;5—起偏镜;
6—半波片;7—试管;8—检偏镜;9—物、目镜组;10—调焦手轮;
11—读数放大镜;12—度盘及游标;13—度盘转动手轮

常用旋光仪的视场分为三部分,称为三分视场,如图 14 所示。当整个视场的三部分有同等最大限度的偏振光通过时,整个视场亮度是一致的,即为零点视场,见图 14(b),否则整个视场显示明亮不同的三部分,见图 14(a)和(c)。

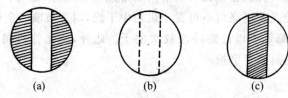

图 14 三分视场变化示意图
a. 大于(或小于)零点的视场;b. 零点视场;c. 小于(或大于)零点的视场

【仪器与试剂】

WXG-4 小型旋光仪,50mL 烧杯,擦镜纸。

10.0%葡萄糖,10.0%果糖。

【试验步骤】

1. 接通电源,等待 3～5min 使灯光稳定[1]。

2. 零点的校正:用蒸馏水冲洗旋光管数次,然后装满蒸馏水,使液面刚刚凸出管口,取玻璃盖沿管口壁轻轻平推盖好,注意不能有气泡,然后旋上螺丝帽盖,不得漏水,也不要太紧,然后将旋光管放置妥当。转动检偏镜,在视场中找出两种不同影视图 14(a)和(b),调节视度调节螺旋(5)使视场达到亮度一致[2],即零点视场见图 14(b),观察读数盘是否在零点,如果不在零点,应记下读数[3],测样品时在读数中加上或减去该数值。

3. 样品的测定:取出旋光管,用待测液冲洗数次,然后加满待测液;用上面相同方法找出零点视场,在刻度盘上读数,记下读数,然后另取一只小旋光管(或降低待测液浓度),用相同的方法测得度数,比较两个数的大小,如果第二次度数降低,这说明这个化合物是右旋,且该数值即为其旋光度。反之,若第二次读数增大,则该化合物为左旋,用读数减去 180°即为其旋光度[4]。

用上述方法分别测定葡萄糖、果糖的旋光度,然后计算出它们的浓度。

4. 结束测试后用蒸馏水冲洗旋光管,用软绒布揩干[5]。

【注　释】

(1)钠光灯使用时间不能过长(不超过 4h),连续使用时,不宜经常开关,以免影响其寿命。

(2)在旋光仪视场中,有一明亮而且亮度一致的视场,这不是零点视场,不要与零点视场混淆。

(3)读数方法:刻度盘分为 360 等分,并用固定的游标分为 20 等分。读数时先看游标的 0 落在刻度上的位置,记录下整数值,再看它的刻度线与刻度盘上的刻度线相平齐的点,记录下游标上的读数作为小数点以后的数值见图 15(a)。如果两个游标窗读数不同,则取其平均值见图 15(b)和(c)。

(4)对于不知旋光度的化合物,必须测定其旋光方向,这种方法称为二次测定法。对于已知化合物则不必两次测定,只测定一次即可。

(5)旋光管使用后,特别在盛放有机溶剂后必须立即洗涤,避免两头衬垫的橡皮圈因接触溶剂而发黏。旋光管洗涤后不可置于烘箱中干燥,因为玻璃与金属的膨胀系数不同,将造成破裂,用后可晾干或以乙醚冲洗数次便干。此外,旋光管两端的圆玻片为光学玻璃,必须小心用软纸擦,以免磨损。

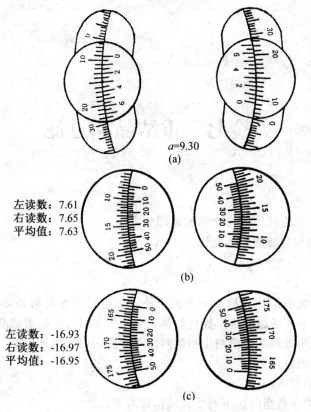

图 15 读数示意图

【思考题】

1. 何谓旋光度？何谓比旋光度？
2. 旋光仪是由哪几部分组成的？操作时应注意什么？
3. 测定样品时，如何判断其旋光方向？

【附】实验报告

1. 实验目的
2. 实验原理
3. 仪器与试剂
4. 实验结果

化合物	管长(dm)	旋 光 度			浓度(g/mL)
		左	右	平均	

实验七 重结晶和过滤

【实验目的】

1. 学习重结晶法提纯固体化合物的原理和方法。
2. 掌握重结晶和过滤的基本操作。

【实验原理】

重结晶法是提纯固体化合物最常用的方法。无论是天然提取还是化学合成的化合物,往往是不纯的,必须经过提纯。提纯固体化合物的常用方法是重结晶法。此法的原理是利用混合物中各组分在某种溶剂中的溶解度不同使它们互相分离。

重结晶法的一般过程为:
(1)选择适当的溶剂;
(2)将粗产品溶于适当的热溶剂中制成饱和溶液;
(3)趁热过滤,除去不溶性杂质。若溶液的颜色较深,应先脱色再过滤;
(4)冷却溶液或蒸发溶剂,使结晶慢慢析出,而杂质却留在母液中;或杂质析出,而欲提纯的化合物却留在母液中;
(5)抽滤、洗涤,分出结晶或杂质;
(6)干燥结晶。

在重结晶法中,正确选择溶剂是非常重要的。作为适宜溶剂,要符合下面几个条件:
(1)与被提纯的化合物不起反应;
(2)在热溶剂中,被提纯的化合物易溶,杂质不溶;在冷溶剂中,被提纯化合物几乎不溶,趁热过滤除去杂质;
(3)被提纯的化合物在溶剂中晶形比较好;
(4)溶剂容易挥发,易从结晶中分离除去;
(5)溶剂价廉易得。

常用溶剂:水、乙醇、氯仿、丙酮、石油醚、苯、乙醚、四氯化碳、醋酸、乙酸乙酯等。

过滤:包括普通过滤、减压过滤等。普通过滤通常用60°角的圆锥形玻璃漏斗。放进漏斗的滤纸,其边缘应比漏斗边缘略低。先把滤纸润湿,然后过滤。倾入漏斗的液体,其液面应比滤纸的边缘低1cm。

减压过滤通常使用瓷质的布氏漏斗,配以橡皮塞,装在玻璃的吸滤瓶上,如图16所示。吸滤瓶的支管则用橡皮管与抽气装置连接。滤纸应剪成比漏斗的内径略小,以能盖住所有的小孔为度。

过滤时应先用溶剂把平铺在漏斗上的滤纸润湿,然后开动水泵,使滤纸紧贴在漏斗上,把要过滤的混合物倾注在漏斗上,使固体均匀地分布在整个滤纸面上,一直抽气到几乎无液体滤出为止。为了尽量把液体除净,可用玻璃瓶塞挤压过滤的固体—滤饼。

在漏斗上洗涤滤饼的方法:把滤饼尽量地抽干,拔掉抽气的橡皮管,使其恢复常压,把少量溶剂均匀地洒在滤饼上,使溶剂恰能盖住滤饼。静置片刻,使溶剂渗透,待滤液从漏斗下端滴下时,重新抽气,再把滤饼抽干。这样反复几次,就可把滤饼洗净。必须记住:在停止抽滤时,应该先拔去抽气的橡皮管,然后关闭抽气泵。

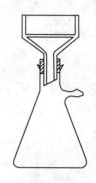

图 16 抽滤装置

【仪器与试剂】

三角漏斗,布氏漏斗,水泵,烧杯,表面皿,⌀12.5cm 和 7.5cm 滤纸,牛角匙,100mL 量筒,天平。

粗苯甲酸,活性炭。

【实验步骤】

称取 1g 粗苯甲酸放入 100mL 烧杯中,加水 50mL,在石棉网上加热至沸。待苯甲酸溶解后移去火源。待溶液稍冷时,徐徐加入半角匙活性炭,然后继续加热并用玻璃棒搅拌 1~2min 以吸附有色杂质。溶液趁热过滤。

将盛滤液的烧杯置于冷水中冷却即有片状结晶析出。另取一张滤纸平铺于布氏漏斗底部,并用水润湿,安装好抽滤装置,抽气过滤。待快抽干时,停止抽滤,用 5mL 蒸馏水润湿结晶,等半分钟后再行抽滤,并用一洁净的玻璃瓶塞压紧结晶以除去母液,停止抽滤,取下布氏漏斗,用角匙小心刮下结晶,烘干,测熔点,称重并计算产率。

【注 释】

强酸性或强碱性溶液过滤时,应在布氏漏斗上铺上玻璃布、涤纶布、氯纶布来代替滤纸。

【思考题】

1. 在重结晶法中选择适宜溶剂的条件有哪些?
2. 在抽气过滤中,为什么在关闭水泵前应先拆开水泵和洗滤瓶之间的联接?
3. 你认为做重结晶提纯时还应注意哪些问题?

【附】实验报告

1. 实验目的
2. 实验原理
3. 仪器与试剂
4. 操作步骤
5. 结果记录

重结晶所用溶剂的量_____mL。   最后所得晶体量_____g。

重结晶的收率_____。 晶体的颜色_____晶形_____熔点_____℃。

实验八 液—液萃取

【实验目的】

1. 了解液—液萃取的原理。
2. 掌握分液漏斗的基本操作方法。

【实验原理】

萃取是分离和提纯有机化合物的重要操作方法,它的基本原理是利用溶质在两种互不相溶的溶剂中溶解度或分配系数的不同,使溶质从一种溶剂转移到另一种溶剂,经过反复多次的提取,能使大部分溶质提取出来,从而达到分离和提纯的目的。

用液—液萃取一方面可以从液体混合物中提取所需要的物质,另一方面可用来除去混合物中的少量杂质。

分配定律是萃取法的主要理论依据。在一定温度下,当某溶质溶于相互接触而互不相溶的两溶剂时,该溶质在两种溶剂中的浓度比为一常数,这一常数称为分配系数。分配系数可用下式表示:

$$K = \frac{C_A(溶质在 A 溶剂中的浓度)}{C_B(溶质在 B 溶剂中的浓度)}$$

应用分配定律,可计算反复萃取后,剩余溶质的量。

设 A 液有 V mL,含溶质 W_0,用 B 液萃取,若用 L mL B 液第一次萃取后,A 液中剩余溶质量为 W_1,那么

$$K = \frac{C_A}{C_B} = \frac{\frac{W_1}{V}}{\frac{W_0 - W_1}{L}} = \frac{W_1 L}{V(W_0 - W_1)} \quad 或 \quad W_1 = W_0 \frac{KV}{KV+L}$$

若用 L mL B 液萃取一次,A 液中剩余溶质量为 W_2,那么

$$K = \frac{\frac{W_2}{V}}{\frac{W_1 - W_2}{L}} = \frac{W_2 L}{V(W_1 - W_2)} \quad 或 \quad W_2 = W_1 \left(\frac{KV}{KV+L}\right) = W_0 \left(\frac{KV}{KV+L}\right)^2$$

显然经过 n 次萃取后,A 中剩余溶质量

$$W_n = W_0 \left(\frac{KV}{KV+L}\right)^n$$

由上式可以看出,增加 n 值,减少 L 值,W_n 值越小。这就说明,把一定量溶剂分成 n

份,多次萃取比用全部溶剂的量作一次萃取的效果要好。

【仪器与试剂】

分液漏斗(60mL),锥形瓶,烧杯(100mL),碱式滴定管,铁架台,漏斗架,量筒(25mL)。

15%醋酸溶液,乙醚,标准氢氧化钠溶液(0.2mol·L^{-1}),酚酞指示剂,凡士林。

【实验步骤】

量取 5mL 5%的醋酸溶液倒入 60mL 分液漏斗中,再加 14mL 乙醚,塞上玻璃塞,振摇数次,并随时放出分液漏斗内的气体,以平衡内部因振摇乙醚气化所产生的压力。然后静置漏斗于铁环上,取下漏斗的玻璃塞或使玻璃塞的凹槽对准漏斗的小孔,以使体系与大气相通,静置分层,当两层液体完全分层后,慢慢开启下端活塞,放出下层溶液于锥形瓶中,然后向锥形瓶中加 5mL 水,并用标准氢氧化钠溶液滴定,用酚酞作指示剂,计算留在水中的醋酸含量。将上层乙醚液从漏斗上口倒入指定的回收瓶中。如图 17 所示。

另取 5mL 15%醋酸溶液。先用 7mL 乙醚按上述操作方法萃取第一次。将下层水溶液分出,置于小烧杯中,上层乙醚液从上口倒入回收瓶中。将烧杯中的醋酸溶液倒入分液漏斗中,再用 7mL 乙醚萃取第二次。放出的下层溶液再加 5mL 水,用标准氢氧化钠溶液滴定。计算醋酸留在水中的含量。比较一次萃取和两次萃取的结果。

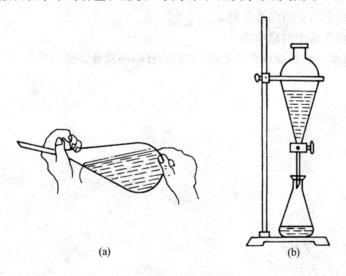

图 17　分液漏斗的使用

【思考题】

1. 萃取法的原理是什么?
2. 如何提高萃取效果?

【注 释】

(1) 分液漏斗应置于铁环上,使用前,先将玻璃活塞涂上一薄层凡士林,然后塞上,并将塞子向同一方向转动几周。加水检查活塞和玻璃塞是否漏水。如不漏水,方可使用。

(2) 乙醚易燃,使用时,附近不能有火。用后,应迅速将乙醚层倒入回收瓶。

(3) 漏斗的振摇方法如图 17(a) 所示,以右手手掌顶住漏斗上端玻璃塞,手指握住漏斗的颈部。左手握住漏斗的活塞部分,大拇指和食指按住活塞柄,中指垫在塞座下边,振摇时,将漏斗稍倾斜,下端向上,便于自活塞放气。振摇时,会有大量蒸气产生,要随时打开活塞放气,放气时,漏斗不能对着自己或别人。

(4) 体系静置分层时,必须与大气相通(见图 17(b)),否则,分层效果不好,分液时,液体流不下去。

【附】实验报告

1. 实验目的
2. 实验原理
3. 仪器与试剂
4. 实验步骤
5. 结果与讨论

一次萃取,留在水中的醋酸含量:_____g。

两次萃取,留在水中的醋酸含量:_____g。

结合实验结果分析实验成败的关键,本实验有哪些步骤需要改进?

实验九　纸上层析

【实验目的】

1. 了解纸上层析法的原理和操作技术。
2. 熟悉纸上层析法分离和鉴定氨基酸。

【实验原理】

层析技术是一种物理和物理化学的分析方法，又称色谱分析，是根据各组分的物理或物理化学性质的不同从而将混合物加以分离。根据层析机理不同，层析方法可分为吸附层析、分配层析、离子交换层析、凝胶层析等。纸上层析属于分配层析，它是以滤纸作载体，以纸上所吸附的水作固定相，以与水不相混溶的有机溶剂作流动相，借助于混合物各组分在两相之间分配系数不同，随流动相移动的速度也不同，从而使混合物加以分离。

通常用比移值 R_f 来表示各组分相对移动速率。所谓比移值是指组分移动的速度与溶剂移动速度的比值。如图 18 所示。

$$R_f = \frac{\text{原点至层析点中心的距离}}{\text{原点至溶剂前沿的距离}} = \frac{a}{b}$$

R_f 值与物质的分子结构，展开剂系统的性质，pH 值，温度及滤纸的质量有关。在一定的层析条件下，R_f 值是物质的一个物理常数，根据 R_f 值可进行混合样品的分离、鉴定。因影响 R_f 值的因素较多，在鉴定时需采用标准样品作对比实验。

【仪器与试剂】

层析缸（9cm×18cm），滤纸条（6.5cm×14cm），毛细管，电吹风，喷雾器，镊子，玻璃板（点样板），线绳。

0.5%脯氨酸水溶液，0.5%亮氨酸水溶液，两种氨基酸的混合液，展开剂（正丁醇：冰醋酸：无水乙醇：水＝4∶1∶1∶2 混合后的上清液），显色剂（0.5%茚三酮无水乙醇溶液）。

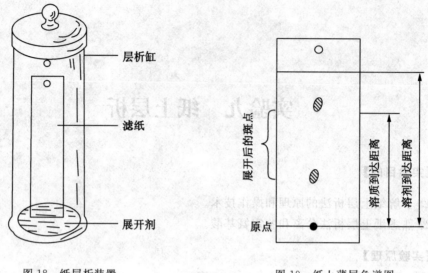

图 18　纸层析装置　　　　　图 19　纸上薄层色谱图

【实验步骤】

1. 点样

取一张滤纸[1]，在滤纸一端 2cm 处用铅笔划一条横线，在线上等距离画上 3 个点，并在滤纸边沿对应于 3 个点用铅笔标上脯、混、亮等字样。取 3 支毛细管，分别蘸取上述氨基酸样品，按所标字样分别点上脯氨酸、混合氨基酸及亮氨酸样品的水溶液斑点[2]，每个点应点样 2~3 次，每次点样后，用电吹风吹干。

2. 展开

层析缸内加入适量展开剂，将滤纸上端打孔的地方，串上绳子，挂在层析缸盖内玻璃内勾上，使纸的下缘垂直浸入展开剂中，展开剂液面在原点以下约 1cm 处，如图 18 所示，盖上层析筒盖进行展开[3]，约 50min 后，取出滤纸，并立即用铅笔标出溶剂前沿的位置，用电吹风吹干。

3. 显色

用喷雾器均匀地将茚三酮乙醇溶液喷于层析纸上，用电吹风吹干，纸条上会显示蓝紫色和黄色斑点，用铅笔画出斑点轮廓。

计算纯样品的 R_f 以及混合物中两组分的 R_f，并与标准的 R_f 比较，确定混合物中两个斑点的归属。

【注　释】

(1) 层析滤纸应用镊子夹取，不能用手拿，因指印含有氨基酸，实验方法足以检出。

(2) 点样时毛细管要垂直，轻轻触及滤纸即可。

(3) 严密盖紧层析缸盖，保持展开剂饱和蒸气恒定。

【思考题】

1. 纸层析的原理是什么？是否可以分离极性较小的组分？为什么？
2. R_f 值的意义是什么？哪些因素影响 R_f 值？
3. 含有多个极性不同组分的试样，在一极性小的展开剂中，经纸上层析后，能否预测各个组分展开斑点的前沿次序？其理论依据是什么？

【附】实验报告

1. 实验目的
2. 实验原理
3. 仪器与试剂
4. 实验步骤
5. 结果与讨论

画出层析结果

脯氨酸的 $R_f =$　　　　　亮氨酸的 $R_f =$

混合物两斑点 $R_{f1} =$　　　　$R_{f2} =$

讨论：结合实验结果分析实验成败的关键，本实验有哪些需改进？

Paper Chromatography

Objective

1. To know the principle and the operating method of paper chromatography.
2. To familiarize paper chromatography of separation and identification of mixture of amino acids.

Principle

Paper chromatography includes two parts, stationary phase and mobile phase. Filter paper as a support for the stationary liquid, which is usually water, the paper fibers become hydrated when the water molecules form hydrogen bonds to the hydroxyl groups of the glucose units in cellulose. The organic liquid acts as the eluent. Substances are separated according to their relative solubility in two liquid phases. Molecules that are more soluble in water will migrate very slowly on the paper. Molecules that are more soluble in the mobile organic liquid will move fast on the paper. The eluent moves on the paper by capillary action, when it is flowing on the paper and the separation of different molecules is being accomplished: this process is called development.

The R_f value refers to the measure of the rate of migrate of a substance.

$$R_\text{f} = \frac{\text{Distance traveled by a substance}}{\text{Distance traveled by the solvent front}}$$

The same substance usually has alike R_f value under the same condition.

In this experiment, amino acids will be separated on a vertical paper by ascending migration. Since amino acids are colorless, ninhydrin will be applied to the developed chromatogram to locate the different amino acids. Amino acids in an unknown mixture will be identified by a comparison of the R_f values of the unknown amino acids with the R_f values of the known amino acids determined on the same chromatogram.

Apparatus and Chemicals

Developing jar (9cm×18cm), Filter paper (6.5cm×14cm), Capillary tube Blower, Sprayer, Tweezers, Glass plate, Lines,

0.5% leucine solution, 0.5% proline solution, Mixture of amino acids, Solvent (1-butanal : glacial acetic acid : alcohol : water = 4 : 1 : 1 : 2), Developing agent (0.5% ninhydrin).

Procedure

Take a filter paper approximately 6.5cm×14cm. Touch the filter paper only on one edge (see Note 1). Draw a pencil line (see Note 2) across the paper 2 cm away from one edge and parallel to the opposite edge of the paper. Make three marks 1.5cm apart along this line (see Figure 20). Label these marks at the top of the paper with "Leu", "Pro" and "unk" to represent leucine, proline and an unknown mixture of two of these amino acids. Dip a length of capillary tube into the leucine solution, lightly touch the filled end of the capillary to the pencil mark on the filter paper marked "Leu" so as to make a spot smaller than a dime (see Note 3). Allow the paper to dry, spot the solution on the same place two more times and allow the paper to dry between each application. Repeat the spotting procedure with solutions of proline and the unknown mixture at the appropriately marked locations on the paper. Use a separated capillary for each solution. When the sample spots on the paper have dried, lower the paper into the jar. The paper must be vertical and the pencil line must retain above the surface of the liquid with the entire bottom edge immersed in the eluent to a depth of about 2mm. Cover the jar with top and the development begins. After 40~60 minutes, remove the paper from the jar. Mark the solvent front with pencil and dry it with a blower. Put the dried paper on the glass plate and spray it with a developing agent—0.5% ninhydrin, dry it and blow hot air from blower over the chromatogram to speed the evaporation of the ninhydrin solvent and the reaction between ninhydrin and the amino acids. The paper treated with ninhydrin produces purple and yellow spots. Measure the distance from the starting line to the center of each spot and record it. Calculate the R_f value for each amino acid under the specific conditions used the chromatography. Use the calculated R_f values to identify amino acids in the unknown mixture.

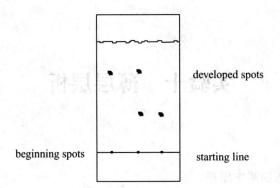

Figure20 Paper chromatography of amino acids

Notes

1. Traces of amino acids will be deposited on the paper wherever it is touched. The resulting amino acid deposit is sufficient to react with the ninhydrin reagent used to locate the amino acids examined in this experiment. Therefore, finger prints on the paper any where except at the top edge will result in a poor chromatogram.

2. Marks on the paper must be in pencil. Ink from a ballpoint pen will migrate and result in a poor chromatogram.

3. An excessive amount of compound will cause overloading and result in large spots with considerable trailing. The spots from compounds with similar R_f values will therefore overlap and correct analysis will be very difficult.

Problems

1. What's the principle of paper chromatography?
2. What does R_f mean? Which factors can influence the R_f?

Affixation

The requirement of experiment report

1. Objective
2. Principle
3. Apparatus and Chemicals
4. Procedure
5. Results and discussion

A. Draw out the result of the paper chromatography of amino acids

B. Calculate the R_f values of each amino acid.

实验十　薄层层析

【实验目的】

1. 了解薄层层析的基本原理。
2. 掌握薄层层析的基本操作技术及薄层层析法分离和鉴定氨基酸。

【实验原理】

薄层层析是一种固液吸附层析的方法。它是将作为固定相的吸附剂均匀地铺在玻璃板上,制成薄层,然后加上样品,再选择适当溶剂作为流动相(展开剂)进行展开。由于混合物组分对吸附剂吸附能力不同,展开剂带着各组分移动的速度不同,从而达到分离的目的。

通常也用比移值 R_f 表示各组分相对移动速度。见图 21。

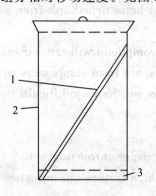

图 21　薄层层析示意图
1—层析板;2—层析缸;3—展开剂

R_f 是化合物的特征常数,对一定的化合物在一定条件下 R_f 值是常数,其数值在 0~1 之间。根据 R_f 值可进行混合样品的分离和鉴定。

氨基酸的薄层层析是利用硅胶薄层层析板中的硅胶能与极性基团之间形成氢键而发生吸附作用,各种氨基酸极性程度不同,被吸附能力的大小也不同,因此在层析时,各种氨基酸的移动速度也不同,经过一定时间的展开后,它们彼此分离。取出薄层板,待展开剂挥发后,以茚三酮显色,测定 R_f 值。

【仪器与试剂】

层析缸,玻璃板(10×3cm),毛细管,喷雾器。

硅胶 G,95％乙醇,0.1％精氨酸,0.1％丙氨酸,待分离溶液(丙氨酸＋精氨酸),0.1％羧甲基纤维素钠,展开剂(正丁醇∶醋酸∶水＝12∶3∶5),显色剂(0.5％茚三酮丙酮溶液)

【实验步骤】

1. 制板

称取 2.5g 硅胶 G 于小烧杯中,加入 0.1％羧甲基纤维素钠水溶液 8mL,调匀,倒在干净的玻璃板上,然后倾斜转动玻璃板,使支持物在玻板上形成均匀的薄层,将玻板平放在桌面上,放置 10～15min 后,然后置 110℃～120℃烘箱中 30min,使其活化,放冷后置于干燥器中备用。

2. 点样

在距薄层板底部 2cm 处用铅笔轻轻划一横线,在线上等距离地轻轻划上 3 个点,然后用毛细管分别吸取丙氨酸、精氨酸以及待分离溶液点在三个点上,每个点点 2～3 次(每点一次要等干后再点第二次)。

3. 展开

在一干净的层析缸中加入适量展开剂,将展开剂在层析缸中饱和约 10min,将点有样品的层析板的一端斜放于层析缸中(注意切勿使样品浸入展开剂中),立即盖严,使样品在密闭的层析缸中展开,如图 21 所示。待展开剂前沿到达薄层板上端 2/3 处时,取出薄层板,并立即划出溶剂前沿的位置,将板自然晾干或电吹风吹干。

4. 显色

将层析板喷以茚三酮溶液,用电吹风吹干,即显出紫色斑点。测量原点到斑点中心的距离及原点到溶剂前沿的距离,分别计算样品的 R_f 值。

【注　释】

用于制备薄层层析的玻璃板,要求面平、干净,否则硅胶层容易脱落。

点样时,毛细管要垂直,使毛细管轻轻触及层析板即可。

加入展开剂的量,以不没及薄板样品为宜。

【思考题】

1. 薄层层析的原理是什么?
2. 层析时,若加入展开剂没过样品斑点会出现什么结果?
3. 在一定的层析条件下,为什么可根据 R_f 值来进行被测样品的定性分析?

【附】实验报告

1. 实验目的

2. 实验原理
3. 仪器与试剂
4. 实验步骤
5. 结果与讨论

展开剂：
丙氨酸的 $R_f =$ 精氨酸的 $R_f =$
混合物两个斑点的 $R_{f1} =$ $R_{f2} =$

讨论：结合实验结果分析实验成败的关键，本实验有哪些需要改进？

实验十一 柱层析法

【实验目的】

1. 掌握柱层析法的基本操作技能。
2. 进一步理解层析法分离、提纯有机化合物的基本原理。

【实验原理】

柱层析法(柱色谱法)是色谱法的一种,属于固－液吸附色谱,它是利用混合物中各组分被吸附能力的不同来进行分离的。

柱层析法通常是以一些表面积很大并经过活化的多孔性物质或粉状固体作为吸附剂[1],将其填入一根玻璃管中,即为固定相,加入待分离混合样品,然后从柱顶加入洗脱剂洗脱。由于化合物中各组分被吸附能力不同,即发生不同解吸,从而以不同速度下移,形成若干色带,若继续再用溶剂洗脱,则吸附能力最弱的组分首先被洗脱出来,如图22所示。整个层析过程进行着反复的吸附—解吸—再吸附—再解吸,使混合物达到分离。分别收集各组分,再逐个鉴定。

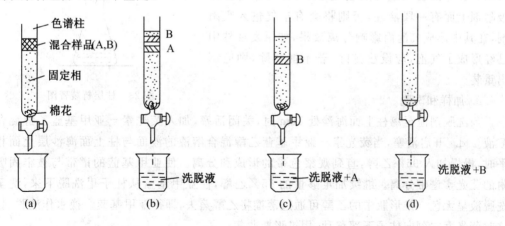

图22 柱层析的分离过程

本实验用活性氧化铝作吸附剂来分离荧光素(黄)和亚甲基蓝混合物。氧化铝是一种极性吸附剂,对极性较强的物质(如荧光素)的吸附力强,对极性较弱的物质(如亚甲基蓝)的吸附力较弱,所以在洗脱过程中,用95%乙醇洗脱时,亚甲基蓝首先被洗脱,荧光素留在层析柱的上部。洗脱荧光素时,需用极性较大的水。

【仪器与试剂】

层析柱(色谱柱),150mL 锥形瓶,60mL 梨形分液漏斗,小玻璃漏斗,玻璃棒,滴管,普通滤纸,脱脂棉,250mL 烧杯,100mL 量筒,25mL 量筒,100mL 容量瓶,50mL 容量瓶,天平,铁架台,蒸馏装置 1 套,橡皮管。

层析用活性氧化铝(100 目),0.1g/L 荧光素－亚甲基蓝乙醇混合溶液,95%乙醇,水,海砂。

【实验步骤】

1. 装柱

装柱有湿法装柱和干法装柱两种,本实验采用湿法装柱。将柱竖直固定在铁支架上,关闭活塞,加入 95%乙醇 10mL,用一支干净的玻璃棒将少量脱脂棉轻轻推入柱底狭窄部位,小心挤出其中的气泡,但不要压得太紧,否则洗脱剂将流出太慢或根本流不出来。将 10g 氧化铝(吸附剂)置小烧杯中,加 95%乙醇浸润,溶胀并调成糊状。打开活塞调节流速为 1 滴/秒,将调好的吸附剂在搅拌下自柱顶缓缓注入柱中,同时用套有橡皮管的玻璃棒轻轻敲击柱身,使吸附剂在洗脱剂中均匀沉降,形成均匀紧密的吸附剂柱。将准备好的海砂加入柱中,使在吸附柱上均匀沉积成 2～3mm 厚的一层。如图 23 所示。在全部装柱过程及装完柱后,都需始终保持吸附剂上面有一段液柱,否则将会有空气进入吸附剂,在其中形成气泡而影响分离效果,如果发现柱中已经形成了气泡,应设法排除,若不能排除,则应倒出重装。

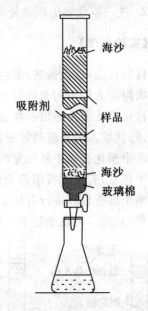

图 23　柱层析装置图

2. 加样和洗脱

当洗脱剂流至离柱上面海沙处 1cm 时,关闭活塞,加入荧光素－亚甲基蓝乙醇混合溶液 10d。开启活塞,当荧光素－亚甲基蓝乙醇混合溶液的液面与柱上面海沙层上面相平时,慢慢加入 95%乙醇,直到观察色带的形成和分离。使亚甲基蓝的谱带与被牢固吸附的荧光素谱带分离。继续加足够量的 95%乙醇,使亚甲基蓝从柱子里洗脱下来,洗至洗脱液呈无色。锥形瓶中的乙醇可通过蒸馏将乙醇蒸去,即得亚甲基蓝。换水作洗脱剂,这时荧光素立刻向柱子下部移动,用锥形瓶收集。

【注　释】

(1)在装柱之前应先将脱脂棉用 95%乙醇润湿,否则柱子里含有气泡。

(2)柱子填装紧密与否,对分离效果影响很大,若柱子留有气泡或各部分松紧不匀(更不能有断层)时,会影响渗滤速度和显色的均匀。

(3)为了保持柱子的均一性,在整个操作过程中应使整个吸附剂润泡在洗脱剂或溶液中。否则,当柱中洗脱剂或溶液流干时,就会发生干裂,影响滤渗和显色的均一性。勿使柱面受扰动。

(4)荧光素和亚甲基蓝能溶于乙醇中,荧光素和亚甲基蓝结构如下:

荧光素

亚甲基蓝(蓝色)

【思考题】

1. 本实验分离该化合物的依据是什么?
2. 若柱中留有气泡或填充不均匀,会怎样影响分离效果?如何避免?
3. 洗脱剂在柱中的流速会不会影响柱层析的结果?有哪些因素需要考虑?

【附】实验报告:

1. 实验目的
2. 简述实验原理
3. 实验记录
4. 实验讨论

Column Chromatography

Objective

1. Define the significance and principle of column chromatography.
2. Master the general technique of column chromatography.

Principle

Column chromatography is a technique based on both adsorptive capacity and solubility. It is a solid-liquid phase-partitioning technique. The solid may be almost any material that does not dissolve in the associated liquid phase; those solids most commonly used are gel, $SiO_2 \cdot xH_2O$, also called silicic acid, and alumina, $Al_2O_3 \cdot xH_2O$. These compound are used in their powered or finely ground (usually 200—400 mesh) forms.

In this method, the mixture of compounds to be separated is introduced onto the top of a cylindrical glass column (see Figure 23)packed, or filled with fine alumina particles (stationary solid phase). The adsorbent is then continuously washed by a flow of solvent (moving phase) passing through the column.

Initially the components of the mixture adsorb onto the alumina particles at the top of the column. The continuous flow of solvent through the column elutes, or washes, the solutes off the alumina and sweeps them down the column. The solutes (or materials to be separated) are called eluates or elutants; and the solvents, eluents. As the solutes pass down the column to fresh alumina, new equilibria are established between the adsorbent, the solutes, and the solvent. The constant equilibration means that different compounds will move down the column at differing rates depending on their relative affinity for the adsorbent on one hand for the solvent on the other. As the components of the mixture are separated, they begin to form moving bands (or zones), each band containing a single component. If the column is long enough and the various other parameters (column diameter, adsorbent, solvent, and rate of flow) are correctly chosen, the bands separate from one another, leaving gaps of pure solvent in between. As each band (solvent and solute) passes out the bottom of the column, it can be collected completely before the next band arrives.

In this experiment, we use column chromatography to separate the mixture of fluorescein and methylene blue. As activated alumina is a polar adsorbent, polar compounds (such as fluorescein) adsorb more tightly to the surface of it. Therefore, methylene blue will be washed out of the column first with 95% ethanol as eluent. The fluorescein will then be washed out with more polar eluent, water.

Apparatus and Chemicals

Chromatography column, 150mL Erlenmeyer flask, 60mL Separatory funnel, Glass funnel, Pasteur pipette, Filter paper, Cotton, 250mL beaker, 100mL and 25mL graduated cylinder, 100mL and 50mL Volumetric flask, Balance, Ring stand, Glass rod. Rubber band

Activated alumina(100 mesh), 0.1 g/ L mixed ethanol solution of fluorescein and methylene blue, 95% ethanol, water, and white sand.

Procedure

1. Preparing the column

The column is packed in two ways: the slurry method and the dry pack method. Here, we choose the former one. Clamp the glass chromatography tube in a vertical position onto a ring stand and fill about 10 mL 95% ethanol. A loose plug of cotton is tamped down into the bottom of the column with a long glass rod until all entrapped air is forced out as bubbles. Do not use too much cotton, and do not pack it too tightly. Slowly put white sand into the column until there is a 5mm layer of sand over the cotton. Any sand adhering to the side of the column is washed down with a small quantity of solvent. The sand forms a base that supports the column of adsorbent and prevents it from washing through the stopcock. Add 10g alumina (adsorbent) to the beaker and then add 95% ethanol with swirling to form a thick, but flowing slurry. The slurry should be swirled until it is homogeneous and relatively free of entrapped air bubble. The stopcock is opened to allow solvent to drain slowly into a large beaker at the rate about 1 drop per second. Alternately, the slurry is mixed by swirling and is then poured in portions into the top of the draining column (a wide-necked funnel may be useful here). The column is tapped constantly and gently on the side, during the pouring operation, with a glass rod fitted with a rubber band. The tapping promotes even settling and mixing and gives an evenly packed column free of air bubbles. Tapping is continued until all the material has settled, showing a well-defined level at the top of the column. After all of the adsorbent has been added, carefully pour approximately $2 \sim 3$ mm of white sand on top. This layer protects the adsorbent from mechanical disturbances when new solvents are poured into the column later. During the entire procedure, keep the level of the solvent above that of any solid material in the column! Check the column, if there are air bubbles or cracks in the column, dismantle the whole business and start over!

2. Applying the sample to the column and elution process

When the solvent level is just at the top of the upper white sand about 1 cm, close the stopcock and add the mixture solution to be separated to the column about 10 drops. After reopening the stopcock and allow the upper level of the solution to reach the top of the sand, fill the column with 95% ethanol solution, and proceed to develop the chromatogram. The methylene blue is washed out until the solvent becomes colorless. Then change elution solvent to water, and follow the same procedure. Collect the fluorescein in Erlenmeyer flasks.

3. Collect the eluted compounds

Pure compounds of the mixture are recovered by the evaporation of the solvent in the collected fractions.

Notes

1. Before pack the column, the cotton should be wetted with 95% ethanol solution to prevent air bubbles in the column.

2. The column should be packed evenly and tightly without air bubbles and crackings.

3. The structures of fluorescein and methylene blue are as follows:

Fluorescein

Methylene blue (Blue)

Problems

1. What's the principle of the separation of the two compounds by column chromatography method?

2. Whether the rate of eluent flow could influence on the result of the chromatography? What factors should be Considered?

Affixation

The requirement of experiment report
1. Objective
2. Principle
3. Apparatus and Chemicals
4. Procedure
5. Results and discussion

实验十二　纸上电泳

【实验目的】

1. 了解纸上电泳的原理。
2. 掌握纸上电泳的操作技术。

【实验原理】

带电颗粒在电场的作用下,向着与其相反的电极移动,这种现象称为电泳。在一定条件下(如电场和电流强度,pH值),带电颗粒泳动的速度与粒子本身所带的电荷及粒子的大小有关。因而在同一电场中,不同物质的带电颗粒移动的速度不同,在一定的时间内各自移动的距离也不同,从而可达到对某些物质的分离和鉴定的目的。

各种氨基酸都有其特定的等电点。在等电点时,氨基酸分子本身呈电中性,在直流电场中既不向阴极也不向阳极移动,如果将氨基酸置于pH值比其等电点大的溶液中,氨基酸带负电,在直流电场中向阳极移动,如果将氨基酸置于pH值小于其等电点的溶液中,氨基酸带正电,在直流电场中向阴极移动,如图24所示。

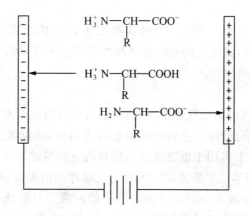

图24　带电氨基酸移动方向

纸上电泳是以滤纸作为支持物,带电的颗粒或离子在滤纸上受一定的电场作用而移动,从而达到分离目的的一种方法[1]。样品点在滤纸条上,滤纸用缓冲液浸润,使其能导电,并在电泳过程中保持一定pH值不变,将滤纸放在一个支架上,滤纸的两端浸在缓冲液中。接通电源,滤纸的两端就有一定的电压吸引荷电物质在纸上移动。

由于氨基酸混合物中各种氨基酸分子量不同,等电点不同(在一定 pH 值时荷电性质及荷电量不同),因此在同一电场作用下,各种氨基酸泳动的方向和速度必然不同。电泳一段时间后,各种氨基酸在滤纸上就被分离开。在电泳中,如果溶液的 pH 值距氨基酸的等电点越远,则氨基酸移动越快,反之则越慢。

纸上电泳与纸上色谱一样,采取在相同的实验条件下用标准品作对比实验来鉴定化合物。

【仪器与试剂】

DYY-4 电泳仪,滤纸(中华 1 号,3cm×15cm),毛细管,喷雾器,镊子,电吹风机。

待分离溶液(丙氨酸、精氨酸、谷氨酸混合液),0.5% 茚三酮溶液,邻苯二甲酸氢钾—氢氧化钠缓冲溶液(pH=5.8)。

【实验步骤】

1. 点样和湿润

取滤纸条一张,用铅笔在中央划一横线后,用毛细管点上混合溶液的斑点,用电吹风吹干后,将滤纸条放在电泳槽的支架上,两端浸入电泳槽的缓冲溶液中(每槽各加入 100～150mL 缓冲液)[2],当滤纸湿至距样品约 1cm 处取出,沿水平方向拉直,待滤纸完全被缓冲液浸润[3]。

2. 电泳

将湿润过的滤纸放在电泳槽的支架上,两端浸入电泳槽的缓冲液中,盖好电泳槽[4],通直流电,调节电泳仪的输出电流强度控制器,电压表先调至 100V,然后每 1min 升 10V[5],至电压为 220V,保持不变,泳动一小时后停电。

3. 显色

用镊子取出滤纸[6],热风吹干,用喷雾器喷上茚三酮溶液,再用热风吹干或放在 100℃烘箱中加热几 min,滤纸上便显出各氨基酸的紫色斑点,用铅笔将其圈出。

【注 释】

(1)纸上电泳所分离的物质只限于荷电物质,所以应用范围不如纸层析法广泛。但有些物质尤其是大分子化合物用纸色谱法不如电泳法简便,所以纸上电泳法也成为常用的分析方法之一。在医学上常用于蛋白质及氨基酸的分离鉴定。

(2)pH 为 5.8 的邻苯二甲酸氢钾—氢氧化钠缓冲液的配制:准确称取 2.03g 邻苯二甲酸氢钾,用蒸馏水溶解成 100mL 0.1mol·L^{-1}的溶液。另配制 0.1mol·L^{-1}的 NaOH 溶液。取 0.1mol·L^{-1}邻苯二甲酸氢钾溶液 50mL 加 42.3mL 0.1mol·L^{-1}NaOH 溶液混合,加蒸馏水稀释至 100mL。

(3)此操作是为了使滤纸两端的缓冲液同时到达点样线(因滤纸两端浸入缓冲液可能先后不同,故不能同时到达)。

(4)电泳因有电流通过滤纸,产生一定热量,所以应将电泳槽密闭,以防水分蒸发,否则滤纸变干而不能导电。

(5)电压稳定才能得到重现性好的结果,所以电压要逐渐升高。

(6)在整个操作过程中尽量避免手与滤纸接触,以免显色后指纹太多,影响观察结果。

【附】实验报告

1. 实验目的
2. 实验原理及反应式
3. 仪器与试剂
4. 操作步骤
5. 结果记录与讨论

画图:标明样品所在位置

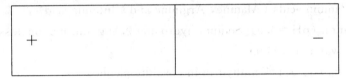

Paper Electrophoresis

Objective

1. Define the principle of electrophoresis.
2. Master the operating method of paper electrophoresis under normal voltage.

Principle

According to the strength of electric field, electrophoresis can be classified into normal and high voltage electrophoresis, and according to the support, which is used in the operation; electrophoresis is divided into paper electrophoresis, cellulose acetate membrane electrophoresis and some polymeric gel electrophoresis.

Charged particles, in the electric field, move toward the electrode, which has opposite charge to the particle. This is called electrophoresis. The migrating rate of the charged molecule is proportional to its total positive or negative charges.

Amino acids, for example, are charged molecules. In their structures, the acidic group—carboxylate anion ($-COO^-$) and the basic group—ammonium cation ($-NH_3^+$) are attached to the same carbon. They are zwitterions (amino acid molecule that has one positive and one negative charge). In acidic solution (with respect to the isoelectric pH of an amino acid), the carboxylate anion picks up a proton and is converted to a carboxyl group ($-COOH$). As a result the zwitterion is transformed to a cationic form that has a net positive charge. In this case, amino acid moves toward the negative electrode. While in basic solution, the positively charged ammonium ion ($-NH_3^+$) gives up its proton to the hydroxide ion, the zwitterion is converted to a neutral amino group. Thus amino acid exists as anion form, which moves toward the positive electrode. Because the ionizing constants of acidic or basic group in amino acids are different, each amino acid has its own migrating direction and rate in the electric field, by which we can separate and identify all kinds of amino acids.

Apparatus and chemicals

DYY-4 stationary voltage electrophoresis apparatus, Electrophoretic tank, Filter paper, Glass plate, Blower, Tweezers, Sprayer.

Mixture of amino acids (Alanine, Arginine and Glutamic acid)

Buffer solution (pH=5.9) [Sodium hydroxide 0.86g and monopotassium ophthalic acid 5.1g, Add water to 1000mL]

Developing agent: 0.1% ninhydrin in absolute alcohol.

Procedure

1. Preparation and applying the mixture onto an inert support.

Cut filter paper into a small sheet, 2 cm wide and 15cm long. Using a pencil draw a straight line in the middle of the sheet and make one mark in the middle of the line. Then lable"+"and"−"at both ends. Dip a length of capillary tube into the mixture solution, lightly touch the filled end of the capillary to the pencil mark on the filter paper so as to make a spot smaller than a dime. Dry it with a blower.

2. Electrophoresis (as shown in Figure 24)

You first pour the buffer solution into electrophoretic tank (Note: The solution level of both sides must be the same). Then pick up the filter paper with tweezers and dip it into the buffer solution soon it is wet though. Take it out of the solution and arrange it horizontally on the bridge of the electrodes, both ends of the paper dipping into buffer solution. Now you can turn on the direct current after putting the cap of the tank, the electrophoresis begins. During the process, voltage must be controlled at 220V (current 10mA−15mA). After 45~60 minutes you may turn off the direct current to stop electrophoresis. Take the paper out, placing it on the glass plate, and dry it with a blower.

3. Developing

Lets put the dried paper on the glass plate and spray it with a developing agent — 0.1% ninhydrin, which reacts with amino acids to give a purple color. Dry it with a blower. The paper treated with ninhydrin produces a series of colored band, known as an electrophoretic pattern. Basing on it, you can determine the position of various amino acids in the paper. If the mixture is unknown, we compare the electrophoretic pattern of it with that of a known for identification, and then you can easily find out what amino acids they are. Electrophoresis is a valuable technique used not only as identification and separation but also a medical diagnostic tool.

Notes

1. A required voltage range (250V－300V) should be set on the regulator before you turn on the direct current. Be sure turn the fine control to minimum extent.

2. Turn on the direct current 3－5 minutes ahead of beginning electrophoresis for preheat, otherwise, voltage will be unstable.

3. Pay attention to the signs of positive or negative electrodes. Connect the wires from the electrophoresis apparatus to two electrodes of electrophoretic tank.

Affixation

The requirement of experiment report
1. Objective
2. Principle
3. Apparatus and Chemicals
4. Procedure
5. Results and discussion

Draw out the result of the paper electrophoresis of amino acids

+	−

实验十三　乙酰水杨酸的制备

【实验目的】

1. 掌握有机化合物合成实验的一般原理、过程、反应、分离、提纯的方法。
2. 了解酰化反应的要求及其应用。
3. 掌握减压过滤的基本操作技术。

【实验原理】

乙酰水杨酸,又命名为阿司匹林(aspirin),是一种强效的、副作用较小的止痛、退烧和消炎药。

它的作用机理为阻碍体内合成前列腺素(人体内的前列腺素与身体的免疫反应有关。当身体功能的正常运行受到外来物质的刺激时,会激发前列腺素的合成,而使人疼痛、发烧和局部发炎),因而能减弱身体的不舒服的感觉。

阿司匹林还是复方阿司匹林(APC)的主要成分之一,后者是由阿司匹林(aspirin)、非那西汀(phenacetin)、咖啡因(caffeine)复合而成。

制备乙酰水杨酸最常用的方法是将水杨酸(salicylic acid)与乙酸酐作用。使水杨酸分子中酚羟基上的氢原子被乙酰基取代,这种作用叫做乙酰化反应。水杨酸是双官能团化合物,既含有羟基,又含有羧基,它既可以与羧酸及其衍生物作用,又可以与醇作用成酯,它本身分子间也可以形成氢键。为了加速反应的进行,需加少量浓硫酸作催化剂,浓硫酸的作用是破坏水杨酸分子中羧基与酚羟基间所形成的氢键,使氢键破坏。从而使乙酰化作用较易完成。

$$\text{C}_6\text{H}_4(\text{OH})\text{COOH} + (\text{CH}_3\text{CO})_2\text{O} \xrightarrow[80℃\sim85℃]{\text{H}_2\text{SO}_4} \text{C}_6\text{H}_4(\text{OCOCH}_3)\text{COOH} + \text{CH}_3\text{COOH}$$

【仪器与试剂】

SHZ-C 型循环水式多用真空泵(公用),双列二孔电热恒温水浴锅(或电炉子),干燥箱,架盘药物天平,不锈钢刮铲,剪子,50mL 锥形瓶,温度计(0℃~100℃),10mL 量杯,

实验十三 乙酰水杨酸的制备

50mL烧杯,抽滤瓶,布氏漏斗,定性滤纸,称量纸,药匙,试管架及试管,回收瓶,木夹子,玻棒,冰,球形冷凝管,50mL圆底烧瓶,酒精灯。

水杨酸,乙酸酐,浓硫酸,95%乙醇,0.1%三氯化铁溶液。

【实验步骤】

在干燥的50mL锥形瓶[1]中加入2g水杨酸,再缓缓加入5mL乙酸酐,摇匀后,滴加5滴浓硫酸。充分摇匀,将锥形瓶放入80℃～85℃水浴中[2],恒温10～15min,期间不断振摇锥形瓶,然后加入2mL水,以分解过剩的乙酸酐[3],当分解作用完成后(不再有气泡),加入20mL水,摇匀后,置冰水浴中冷却以加速晶体的析出[4],并不断振摇,促使结晶完全。抽滤,并用少量水洗晶体[5],抽干,得粗产品阿司匹林。

取极少量粗产品阿司匹林,溶于0.5mL 95%乙醇中,加入1滴0.1%三氯化铁溶液,检查水杨酸的存在。观察颜色变化。同法检查水杨酸作为对照。

将粗品阿司匹林,放入50mL圆底烧瓶中,加入4～5mL无水乙醇,装上球形冷凝管,通入冷凝水,见图25。

置于60℃～70℃水浴中加热片刻[6],若粗品还有少量未溶,可补加少量乙醇,直至其全部溶解[7]。用滴管向溶液中滴加水至微浑,再加热溶解,冷却溶液析出白色晶体,抽滤。红外灯烘干,测其熔点,并计算收率。

图25 回流图装置

【注 释】

(1)实验所用仪器必须干燥,否则影响反应的进行。

(2)反应温度不宜超过90℃,否则将有副产物产生。例如生成水杨酰水杨酸的聚合物。

$$\underset{\text{OH}}{\underset{|}{\bigcirc}}\text{-C-OH} + H_3C-C-O-C-CH_3 \longrightarrow \underset{\text{O-C-CH}_3}{\underset{|}{\bigcirc}}\text{-COOH} + CH_3COOH$$

$$2\underset{\text{OH}}{\underset{|}{\bigcirc}}\text{-C-OH} \longrightarrow \underset{\text{OH}}{\underset{|}{\bigcirc}}\text{-C-O-}\underset{\text{COOH}}{\underset{|}{\bigcirc}} + H_2O$$

(3)此时过剩的乙酸酐遇水猛烈水解,伴生的分解热可能使瓶内的反应物沸腾。操作者应小心醋酸蒸气的强烈刺激。

(4)若无晶体析出,可用玻棒摩擦瓶壁以促使晶体的生成。

(5)洗涤晶体时要多洗几次,将晶体上附着的酸洗净;否则,重结晶时,会加速阿司匹林的水解。

(6)阿司匹林易水解,重结晶加热时间不宜过长,不宜用高沸点溶剂。阿司匹林溶解度:1g/300mL 冷水,1g/5mL 乙醇。

(7)阿司匹林重结晶为混合溶剂重结晶,请参阅重结晶部分。重结晶时,一定要控制乙醇的量;否则,重结晶样品损失过多,甚至最后得不到重结晶的晶体。

【思考题】

1. 反应仪器为何要求干燥?
2. 酰化反应加入浓硫酸的目的是什么?
3. 在制备乙酰水杨酸的过程中,你认为有哪些问题需要引起关注,确保有较高的产率。
4. 乙酰水杨酰粗产品可否在热水中重结晶。

【附】实验报告:

1. 实验目的
2. 简述实验原理
3. 实验步骤 用制备流程图表示。
4. 结果与讨论

Preparation of Acetylsalicylic Acid

Objective

1. To know the reaction principle and preparation of acetylsalicylic acid.
2. To learn general procedure for organic synthesis.

Principle

Salicylic acid (o-hydroxybenzoic acid) is a bifunctional compound. It is a phenol (hydroxybenzene) and a carboxylic acid. Hence, it can undergo two different types of esterification reactions, acting as either the alcohol or the acid partner in the reaction. In the presence of acetic anhydride, acetylsalicylic acid (aspirin) is formed; whereas, in the presence of excess methanol, the product is methyl salicylate (oil of wintergreen). In this experiment we will use the former reaction to prepare aspirin.

Salicylic acid + (CH₃CO)₂O $\xrightarrow[80℃\sim 85℃]{H_2SO_4}$ Acetylsalicylic acid + CH_3COOH

Apparatus and chemicals

Erlenmeyer flask, Thermometer, Beaker, Graduated cylinder, Filter paper, Büchner funnel, Glass rod

Salicylic acid, Acetic anhydride, Concentrated sulfuric acid, 95% Alcohol, 0.1% Ferric trichloride.

Procedure

Weigh out 2.0g (0.015 mole) of salicylic acid crystals and place them in a 50mL dry Erlenmeyer flask. Add 5mL (0.05 mole) of acetic anhydride, followed by 5 drops of concentrated sulfuric acid from a dropper, and swirl gently until the salicylic acid dissolves.

Heat the flask on water bath at 80℃~85℃ with continuously shaking for 10-15 minutes. Then add 2 mL cold water to decompose excess acetic anhydride. After the decomposition completes, transfer the mixture to a 50 mL beaker. Add 20mL cold water and allow the beaker to cool to room temperature, during which time the acetylsalicylic acid should begin to crystallize from the reaction mixture. If it does not, scratch the walls of the beaker with a glass rod and cool the mixture slightly in an ice bath until crystallization has occurred. Collect the product by vacuum filtration on a Büchner funnel. The filtrate may be used to rinse the beaker repeatedly until all crystals have been collected. Rinse the crystals several times with small portions of cold water. Continue drawing air through the crystals on the Büchner funnel by suction until the crystals are free of solvent. Remove the crystals for air-drying. Weigh the crude product, which may contain some unreacted acid, and calculate the yield of crude product.

Dissolve a little amount of crude product in 0.5 mL of 95% alcohol in a test tube, add 1~2 drops of 0.1% ferric trichloride solution to check the presence of salicylic acid. Shake the tube and watch the color of the mixture. Pure salicylic acid can be use as a comparison.

Dissolve the final product in a minimum amount of hot anhydrous ethanol (no more than 4~5mL) in a 50 mL round-bottomed flask, while gently and continuously heating the mixture on a water bath at 60℃~70℃, using the apparatus of figure 25. Add some ethanol or evaporate some solvent in order to make the aspirin crystallize when cooled the mixture to room temperature.

Notes

1. The 50mL Erlenmeyer flask must be dry, for the presence of water can affect the acetylation.

2. The temperature of the acetylation shouldn't excess 90℃ to avoid the side-prod-

ucts.

$$\text{o-AcO-C}_6\text{H}_4\text{-COOH} + \text{CH}_3\text{COO-C}_6\text{H}_4\text{-COOH} \longrightarrow \text{AcO-C}_6\text{H}_4\text{-COO-C}_6\text{H}_4\text{-COOH} + \text{CH}_3\text{COOH}$$

$$2\ \text{HO-C}_6\text{H}_4\text{-COOH} \longrightarrow \text{HO-C}_6\text{H}_4\text{-COO-C}_6\text{H}_4\text{-COOH} + \text{H}_2\text{O}$$

Problem

Why concentrated sulfuric acid is needed in the aceylation reaction?

Affixation

The requirement of experiment report
1. Objective
2. Principle
3. Apparatus and Chemicals
4. Procedure
5. Results and discussion

实验十四 乙酸乙酯的制备

【实验目的】

1. 了解酯化反应的原理。
2. 学习回流操作,巩固蒸馏及萃取分离技术。

【实验原理】

酯化反应是指酸与醇作用生成酯和水的过程,其逆反应叫酯的水解反应。酯化反应,一般采用强酸作催化剂,如:浓硫酸、干燥氯化氢、有机强酸和阳离子交换树脂等,其中以浓硫酸最常用,加入强酸的目的是使反应迅速达到平衡。

为了提高反应的收率,往往采用醇或酸过量,或者除去反应生成的酯和水,以使平衡向右移动。本实验采用乙醇过量的方法来提高反应收率。

$$H_3C-\overset{O}{\underset{\|}{C}}-OH + HOC_2H_5 \underset{}{\overset{H^+}{\rightleftharpoons}} H_3C-\overset{O}{\underset{\|}{C}}-OC_2H_5 + H_2O$$

乙酸乙酯和水形成共沸混合物(70.4℃)比乙醇(78℃)和乙酸(118℃)的沸点都低,因此很容易蒸出。

除生成乙酸乙酯外,还有生成乙醚的副反应。

【仪器与试剂】

50mL 圆底烧瓶,100mL 分液漏斗,球形冷凝管,50mL 三角瓶,25mL 量筒,蒸馏装置。

无水乙醇,冰乙酸,浓硫酸,饱和 NaCl 溶液,饱和 $CaCl_2$ 溶液,饱和 Na_2CO_3 溶液,无水 Na_2SO_4。

【操作步骤】

在 50mL 圆底烧瓶中,放入 20mL 乙醇、15mL 冰乙酸、5mL 浓硫酸、2~3 粒沸石,装上球形冷凝管,水浴加热回流半小时。将反应液冷却后,加入 2~3 粒沸石,改成蒸馏装置。水浴蒸馏至无液体流出时为止,得到粗乙酸乙酯。

向粗乙酸乙酯中,加入饱和的 Na_2CO_3 水溶液,直至有机层(上层)呈中性。将溶液转入 100mL 分液漏斗中,静置分层,分去下层水溶液,酯层用 10mL 饱和 NaCl 溶液洗涤后,再每次用 10mL 饱和 $CaCl_2$ 水溶液洗涤两次,弃去下层水溶液,转移到干燥的三角瓶中,用无水 Na_2SO_4 干燥。

将干燥过的乙酸乙酯滤入 50mL 干燥的圆底烧瓶内,加入 2~3 粒沸石,在水浴上加热蒸馏,收集 75℃~80℃馏分。

纯乙酸乙酯为无色液体,沸点 77.6℃,比重 0.901,稍溶于水,具有水果香。

【注　释】

(1)当温度超过 120℃时,会增大副产物乙醚的生成量,故回流时保持微沸即可。

(2)馏出液中除酯和水外,还含有少量的乙醇和醋酸。用碳酸钠除去醋酸、亚硫酸(硫酸被还原产生),用氯化钙溶液除去乙醇。但碳酸钠用量不易过多,否则下一步用氯化钙处理时会形成乳胶。

【思考题】

1. 本实验中浓硫酸起什么作用?
2. 蒸出的粗乙酸乙酯中有哪些杂质?

【附】实验报告

1. 实验目的
2. 实验原理
3. 仪器与试剂
4. 操作步骤　写出制备乙酸乙酯的流程图
5. 结果记录与讨论

实验十五　从茶叶中提取咖啡碱

【实验目的】

通过实验了解从植物中提取生物碱的一般方法。

【实验原理】

植物中的生物碱常以盐(能溶于水或醇)的状态或以游离碱(能溶于有机溶剂)的状态存在,因此可用水、醇或其他有机溶剂提取。生物碱与提取液中其他杂质的分离,可根据生物碱与这些杂质在溶剂中的不同溶解度以及不同的化学性质具体对待。

茶叶中含有的生物碱均为黄嘌呤的衍生物,有咖啡碱、茶碱、可可碱等。其中以咖啡碱含量最多,约为2%～5%,随着茶叶种类不同而异。咖啡碱为无臭、味苦的白色结晶,其熔点为235℃～236℃,可溶于水,易溶于热水、氯仿。利用咖啡碱易溶于热水的性质可顺利地将其自茶叶中提出。茶叶中尚有大量鞣质亦溶于水随咖啡碱一同提出,可利用鞣质与醋酸铅生成沉淀的性质将其除去,然后再利用咖啡碱溶于氯仿的性质使其与其他水溶性杂质分离。

提取咖啡碱的步骤如下:

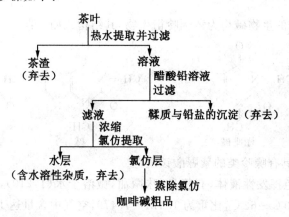

所得咖啡碱可以借紫脲酸铵反应[1]或碘化铋钾试剂加以鉴别。

【仪器与试剂】

常压蒸馏装置,抽滤装置,恒温水浴锅,电炉,分液漏斗,长颈漏斗,蒸发皿,坩埚,铁架台,石棉网,烧杯,量筒,试管,滤纸,脱脂棉,沸石若干。

茶叶(市售),10%醋酸铅溶液,氯仿,饱和食盐水,氯酸钾,浓盐酸,浓氨水,碘化铋钾试剂,5%硫酸溶液。

【实验步骤】

1. 咖啡碱的分离

(1)取 200mL 烧杯 1 只,加入茶叶 3g 及热水 100mL,加热煮沸约 15min(若水分蒸发太多,可加一表面皿或酌量补加水分至原有体积),用脱脂棉过滤除去茶渣,在搅动下向热的滤液中逐滴加入 10%醋酸铅溶液约 10mL 至不再有沉淀生成。

(2)将上述混悬液加热 5min 后抽滤,滤液移入蒸发皿,加热蒸去水分,浓缩至约 30mL 左右,放冷。若此时又有沉淀析出,可再行减压过滤除去。

(3)将上述浓缩液移入分液漏斗,加入氯仿[2] 15mL 及饱和食盐水 10mL,剧烈振摇。(注意:氯仿易挥发,故在振摇时应常将活塞打开以使过量蒸气逸出)放置片刻。待液体分层后将下层氯仿液分出,注入小蒸馏瓶中,加入 2~3 粒沸石,在水浴上蒸馏回收氯仿约 10mL,停止蒸馏,将小蒸馏瓶中残留的氯仿提取液倾入小烧杯中,在水浴上蒸去氯仿,即得咖啡碱粗品。

2. 咖啡碱的鉴定

(1)在小坩埚内加入咖啡碱粗品的结晶数粒,再加入氯酸钾结晶少许及浓盐酸 2~3 滴,然后在石棉网上加热至液体完全蒸发,放冷,加入浓氨水 1 滴,溶液呈紫色,此即紫脲酸铵反应。此反应阳性表明生物碱的存在。

(2)在剩下的咖啡碱结晶中加入 2mL5%硫酸溶液,搅拌使其溶解,取约 1mL 咖啡碱硫酸溶液于试管中,加碘化铋钾试剂 2 滴,若生成红棕色沉淀,表明生物碱存在。

【注 释】

(1)茶叶中含有的生物碱均为黄嘌呤衍生物,其结构式如下:

黄嘌呤　　咖啡碱　　茶碱　　可可碱

此类生物碱都具有嘌呤类的紫脲酸铵反应。

(2)氯仿为无色挥发性液体,有特臭,味微甜,微溶于水(1:210),与一般有机溶剂能任意混合,沸程为 60℃～62℃,比重为 1.474～1.479,空气中含量达 1/40000 时即能引起中毒,因此应尽量避免吸入。

【思考题】

1. 加入醋酸铅溶液的目的是什么?
2. 抽滤与普通过滤有何不同,其特点是什么?

【附】实验报告

1. 实验目的
2. 实验原理(以流程图表示)
3. 仪器与试剂
4. 实验记录：

茶叶用量　　　　　g　　　　10%醋酸铅溶液用量　　　　mL
提取时间　　　　　min　　　氯仿用量　　　　mL
咖啡碱颜色
紫脲酸铵反应颜色　　　　　与碘化铋钾试剂反应颜色

Isolation of Caffeine from Tea

Objective

To familiarize the general method of alkaloid extraction from plant drug through the isolation of caffeine from tea.

Principle

In this experiment, caffeine will be extracted from tea leaves. The major problem of the extraction is that caffeine does not occur alone in tealeaves, but is accompanied by other natural substances from which it must be separated. Caffeine is an alkaloid, a class of naturally occurring compounds. There are many derivatives of xanthine (2,6-dihydroxypurine) and a large amount of tannin in the tea-leaves, such as caffeine, theophylline and theobromine.

Xanthine　　　　Caffeine　　　　Theophylline　　　　Theobromine

The amount of caffeine in tea varies from 2 to 5%. Caffeine is an odorless, bitterness and white crystal, melting point is 238℃. Caffeine is water soluble and is more soluble in hot water, chloroform.

Therefore, caffeine can be extracted from the hot water solution of tea. Because tannins are water soluble, so a large amount of tannins are extracted together. Then add the Pb(AC)$_2$ to precipitate the tannin from the solution of the tea.

Caffeine can be extracted from the tea solution with chloroform, but other elements are not chloroform soluble and remain behind in the aqueous solution.

The extracted steps of caffeine are as follows:

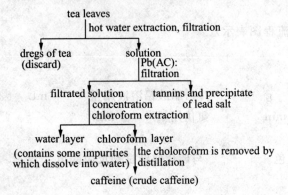

Procedure

1. Extraction of caffeine

(1) Place 3g of dry tea leaves, and 100mL of hot water in a 200mL beaker. The liquid is heated to boil for about 15 minutes. The filter cotton is used to filtrate the solution and the dreg of tea is discarded.

Add 10 mL of 10% Pb(AC)$_2$ solution under stir into the hot filtrated solution until the precipitate is not formed again.

(2) Heating the above solution about 5 minutes, then the solution is filtrated by vacuum filtration. Place the filtrated solution in a vaporizer, concentrate about to 30mL, cool the solution, if the precipitate is formed proceed vacuum filtration again.

(3) Place the above solution in a separatory funnel. Add 15mL of CHCl$_3$ and 10mL of saturated NaCl aqueous solution into the separatory funnel, and then strongly shake it. When shaking the separatory funnel, the chloroform vapor is formed, because the chloroform is easily volatile. To release this vapor, the funnel is vented by holding it upside-down and slowly opening the stopcock. Then the funnel is placed for a moment and the top stopper is immediately removed.

The water and chloroform will separate into two layers after a short time, and the chloroform (the lower layer) may be separated through the stopcock into a small distilling flask.

Assemble an apparatus for simple distillation and remove the chloroform about 10mL by distillation, using a water bath to heat for vaporization of chloroform. The remainder is the crude caffeine.

2. Identification of caffeine

(1) Place some crystals of crude caffeine in a crucible and add small amount of KClO$_3$ crystals and 2~3 drops of concentrated HCl.

To heat on the asbestos wire gauze until the liquid is completely vaporized. Cool and add 1 drop of concentrated NH$_4$OH, and then the violet color appears. This test is used for identification the presence of alkaloid. This reaction is referred to as ammonium violurate reaction.

(2) Place 2mL of 5% H_2SO_4 into remainder of the crude caffeine

To solve with stir, take about 1mL and add 2 drops of Dragendoll agent. If the orange precipitate is formed, this result means that the alkaloid is present.

Notes

1. Ammonium violurate reaction is as follow:

[Reaction scheme showing caffeine reacting with HCl/KClO$_3$, then NH$_3$, producing Tetramethyl ammonium violurate (Violet color)]

2. Preparation of the Dragendoll reagent:

Solution I : Place 0.85g of bismuth nitrite into the solution which contains acetic acid 10mL and water 40mL.

Solution II : Place 8.0g of potassium iodide into the 40mL water. The reagent is prepared by mixing equal parts of I and II.

Problems

1. Why is Pb(Ac)$_2$ solution added to the hot filtrated solution?
2. What's the characteristies of vacuum filtration?

Affixation

The requirement of experiment report

1. Objective

2. Principle
3. Apparatus and Chemicals
4. Procedure
5. Results and discussion

实验十六　从番茄酱中提取番茄红素及 β-胡萝卜素

【实验目的】

进一步掌握天然产物的提取方法；巩固有机实验的基本操作。

【实验原理】

番茄红素和 β-胡萝卜素都属于萜类化合物，它们都是类胡萝卜素，两者为同分异构体，其分子式为 $C_{50}H_{56}$，结构式分别为：

番茄红素
mp 173℃

β-胡萝卜素
mp 183℃

番茄酱中含有番茄红素和 β-胡萝卜素，β-胡萝卜素是胡萝卜的黄色素，易氧化。番茄红素是构成西红柿红色色素的主要成分，番茄红素具有很强的抗氧化作用，其氧化作用是 β 胡萝卜素的 3 倍，维生素 E 的 100 倍，它通过保护机体细胞免受氧化损害而实现其生理活性，具有延缓衰老、抑制肿瘤、提高人体免疫力、减少心血管疾病及预防癌症等多种功效。

用一般方法很难将它们分离，色谱法可将此分离。例如用适当的展开剂在硅胶薄层板上对它们进行展开后表现出不同的 R_f 值，并得以鉴定。

【仪器与试剂】

50mL 圆底烧瓶，球形冷凝器，水浴锅，玻璃漏斗，50mL 具塞锥形瓶，分液漏斗，20mL 量筒，薄层板，架盘天平，滤纸。

市售番茄酱，95%乙醇，石油醚，饱和食盐水，无水硫酸钠，丙酮，硅胶 G　1%羧甲基纤维素钠。

【实验步骤】

1. 提取

称取 3～4g 番茄酱,放入 50mL 圆底烧瓶中,加入 10mL 95%乙醇,回流加热 3～5min,冷却后过滤,滤液存于 50mL 具塞锥形瓶中。将滤纸和滤渣再返回原烧瓶中,用石油醚(沸程 60℃～90℃)回流加热 3min,冷却后,过滤将两次滤液并入同一锥形瓶中,加入 5mL 饱和食盐水摇匀,倒入分液漏斗中静置,分液,上层有机相分入干燥具塞锥形瓶中,加无水硫酸钠干燥后待用。

2. 薄板检测

用 2g 硅胶 G 与 6mL 1‰羧甲基纤维素钠溶液调成糊状,铺在三块载玻片上晾干,在活化好的薄板上点样后立即放在层析缸内用展开剂(石油醚-丙酮 9∶1)展开,分别测 R_f 值。

【思考题】

1. β-胡萝卜素及番茄红素相比,哪一个 R_f 值大?
2. β-胡萝卜素及番茄红素都有何用途?
3. 各步操作目的何在?

【附】实验报告

1. 实验目的
2. 实验原理与反应
3. 仪器和药品
4. 操作步骤
5. 结果与讨论

提取番茄酱的量:_____ g　　　95%乙醇用量:_____ mL

乙醇提取时间:_____ min　　　石油醚用量:_____ mL

石油醚提取时间:_____ min　　加入饱和食盐水的量:_____ mL

番茄素的 R_f 值:_____　　　　β-胡萝卜素的 R_f 值:_____

实验十七　卵磷脂的提取及其组成鉴定

【实验目的】

1. 了解从天然物中提取有效成分的方法。
2. 掌握卵磷脂的水解及其组成的鉴定。

【实验原理】

卵磷脂存在于动物的各种组织细胞中，蛋黄中含量较高，约8%。可根据它溶于乙醇、氯仿而不溶于丙酮的性质，从蛋黄中分离得到，其分离提取的流程图如下图：

$$\text{蛋黄（含蛋白质、脂肪、卵磷脂、脑磷脂等）} \xrightarrow{\text{乙醇提取}} \text{提取液} \begin{cases} \text{残渣（蛋白质、脑磷脂等弃去）} \\ \text{乙醇溶液} \xrightarrow{\text{蒸去乙醇}} \end{cases}$$

$$\text{油状物（脂肪、卵磷脂）} \xrightarrow{\text{氯仿}} \text{氯仿溶液} \xrightarrow{\text{丙酮}} \begin{cases} \text{氯仿丙酮溶液（脂肪）} \\ \text{沉淀（卵磷脂）} \end{cases}$$

卵磷脂可在碱性溶液中加热水解，得到甘油、脂肪酸、磷酸和胆碱，可从水解液中检查出这些组分。

【仪器与试剂】

研钵，布氏漏斗，抽滤瓶，蒸发皿，量筒，三角漏斗，水浴锅。

熟鸡蛋蛋黄，95%乙醇，氯仿，丙酮，20%氢氧化钠，10%醋酸铅，1%硫酸铜，硫酸，硝酸，碘化铋钾，钼酸铵，氨基萘酚磺酸溶液。

【实验步骤】

1. 卵磷脂的提取

（1）取熟鸡蛋蛋黄一只，于研钵中研细，先加入10mL95%乙醇研磨，再加入10mL95%乙醇充分研磨，减压过滤，布氏漏斗上的滤渣充分挤压滤干后，移入研钵中，再加入10mL95%乙醇研磨，减压过滤，滤干后，合并二次滤液，如浑浊可再滤过一次[1]，将澄清滤液移入蒸发皿中。

（2）将蒸发皿置于沸水浴上蒸去乙醇至干[2]，得到黄色油状物。

（3）冷却后，加入5mL氯仿，搅拌使油状物完全溶解[3]。

（4）在搅拌下慢慢加入15mL丙酮，即有卵磷脂析出，搅动使其尽量析出[4]（溶液倒入回收瓶中)。

2. 卵磷脂的水解及其组成鉴定

(1)水解:取一支干燥大试管,加入提取的一半量的卵磷脂,并加入 5mL20％氢氧化钠溶液,放入沸水浴中加热 10min[5],并用玻棒加以搅拌,使卵磷脂水解,冷却后,在三角漏斗中用棉花过滤。滤液供下面检查用。

(2)检查:脂肪酸的检查:取棉花上沉淀少许,加入 1 滴 20％氢氧化钠溶液与 5mL 水,用玻棒搅拌使其溶解,在玻璃漏斗中用棉花过滤得澄清液,以硝酸酸化后加入 10％醋酸铅 2 滴[6],观察溶液的变化。

甘油的检查:取试管一支,加入 1mL1％硫酸铜溶液,2 滴 20％氢氧化钠溶液,振摇,有氢氧化铜沉淀生成,加入 1mL 水解液振摇,观察所得结果[7]。

胆碱的检查:取水解液 1mL,滴加硫酸使其酸化(以石蕊试纸试之)加入 1 滴克劳特试剂(碘化铋钾溶液),有砖红色沉淀生成[8]。

磷酸的检查:取试管一支,加入 10 滴水解液,5 滴钼酸铵试剂,20 滴氨基萘酚磺酸溶液,振摇后,水浴加热,观察颜色变化[9]。

【注　释】

(1)第一次减压过滤,因刚析出的醇中不溶物很细以及有少许水分,滤出物浑浊,放置后继续有沉淀析出,需合并滤液后,以原布氏漏斗(不换滤纸)反复滤清。

(2)蒸去乙醇时,可能最后有少许水分,需搅动加速蒸发,务使蒸干。

(3)黄色油状物干后,蒸发皿壁上粘的油状物一定要使其溶于氯仿中,否则会带入杂质。

(4)搅动时,析出的卵磷脂可粘附于玻棒上,成团状。

(5)加热时,会促使胆碱分解,产生三甲胺的臭味。

(6)加硝酸酸化,脂肪酸析出,溶液变浑浊,加醋酸铅有脂肪酸铅盐生成,浑浊进一步增强。

(7)生成的氢氧化铜沉淀,因水解液中的甘油与之反应,生成甘油铜,沉淀溶解。

(8)克特试剂为含有 $KI-BiI_3$ 复盐的有色溶液与含氮碱性化合物如胆碱生成砖红色的沉淀。

(9)钼酸铵经硫酸酸化为钼酸,它与磷酸结合为磷钼酸,磷钼酸再与还原剂氨基萘酚磺酸作用,生成蓝色钼的氧化物。

【思考题】

1. 蛋黄中分离卵磷脂根据什么原理?
2. 卵磷脂可以皂化,从结构分析应作何解释?
3. 卵磷脂可作乳化剂,为什么?
4. 为什么实验中要进行减压过滤?操作时应注意什么?

【附】实验报告

1. 实验目的

实验十七 卵磷脂的提取及其组成鉴定

2. 实验原理
3. 仪器与试剂
4. 实验步骤 提取过程（用流程图表示）
5. 实验结果

项　　目	实验现象	结　　论
甘油的检验		
脂肪酸的检验		
胆碱的检验		
磷酸的检验		

实验十八　核酸的分离及其组成的鉴定

【实验目的】

1. 了解分离、提取核酸的一般方法。
2. 了解 RNA 及 DNA 组分的鉴定方法。

【实验原理】

生物体组织中含有核糖核酸(RNA)及脱氧核糖核酸(DNA)，它们大都与蛋白质结合，以核蛋白的形式存在。根据核蛋白可被三氯乙酸沉淀，而浓氯化钠溶液又可将核酸溶解的性质，可以从生物体组织中分离出核酸。RNA 与 DNA 都是多聚核苷酸，可在酸性水溶液中分解生成相应的磷酸、碱基及核糖或脱氧核糖，在水解液中可检测出这些组分的存在。

【仪器与试剂】

大试管，小试管，50mL 烧杯一只，10mL 离心管一支，水浴锅一只，加热装置一套，离心机一个(共用)。

生理盐水，3%三氯乙酸，95%乙醇，10%氯化钠，5%硫酸，浓氨水，5%硝酸银，钼酸铵试剂，氨基萘酚磺酸试剂，三氯化铁/盐酸溶液，3,5-二羟基甲苯/乙醇溶液，二苯胺试剂。

【实验步骤】

1. 分离

称取经切碎捣匀的新鲜动物肝脏 3g 于 10mL 离心管内，加 3mL 生理盐水，2mL 3%三氯醋酸，用玻棒搅匀，静置 3min 后，放入离心机中，离心 10min(离心时应注意离心机中离心管的等重平衡和转速[1])。倾去上清液，沉淀中加入 5mL 95%乙醇，用玻棒充分搅匀[2]，离心 5min，倾去上层清液，倒立离心管，尽可能使乙醇倒干，沉淀中加入 4mL 10%氯化钠溶液，在沸水浴中加热 5min，不断用玻棒搅动，冷却后离心 5min，将上清液倒入 50mL 烧杯内(沉淀弃去)，取 3~4mL 95%乙醇，逐滴加入烧杯内，加时轻轻摇动烧杯，可见白色沉淀逐渐产生[3]，静置 5min 后，倒入 10mL 离心管内离心 3min，弃去上清液，沉淀为核酸的钠盐。

2. 核酸的水解

将得到的沉淀转入 50mL 烧杯内，以 4mL 5%硫酸洗离心管，并倒入此烧杯内，沸水浴加热 10min[4],得到澄清的水解液。

3. RNA 与 DNA 组分的鉴定

(1)嘌呤碱基的鉴定:取二支试管,一支加水解液 15 滴,另一管加 15 滴 5%硫酸作为对照,两管各加浓氨水 10~15 滴使呈明显碱性,各加 10 滴 5%硝酸银,摇匀后放置 10min,观察二管各有何现象产生[5]。

(2)磷酸的鉴定:取试管二支,一管加 10 滴水解液,另一管加 10 滴 5%硫酸作为对照。二管中各加入 5 滴钼酸铵试剂,摇匀后,各加入 15 滴氨基萘酚磺酸试剂,摇匀后放置 5min,观察两管内颜色变化[6]。

(3)核糖的鉴定:取试管二支,一管加 10 滴水解液,另一管加 10 滴 5%硫酸作为对照。二管中各加 20 滴三氯化铁—盐酸溶液,4 滴 3,5—二羟基甲苯/乙醇溶液,摇匀后,在沸水浴中加热 10min,观察两管颜色变化[7]。

(4)脱氧核糖的鉴定:取试管二支,一管加 15 滴水解液,另管加 15 滴 5%硫酸作为对照,二管各加入 20 滴二苯胺试剂,摇匀后,放入沸水浴中加热 10min,观察两管颜色的变化[8]。

【注 释】

(1)离心时,应另取一只离心管,管中加水,将两只离心管放在台式天秤上,用吸管向此离心管加水或吸水出来,使与样品离心管等重,并将两管放在离心机对角位置,开动离心机。如不等重,离心管易损坏,使实验报废。下面每次离心均需重按此操作离心。离心机的转速以 2000 转/分为宜。

(2)用 95%乙醇洗去醇溶性杂质。必要时可用带有玻管的塞子,塞住离心管在水浴上加热 10min,尽可能溶去杂质,然后冷却离心。

(3)如因室温过高,无沉淀析出,可将烧杯放在冰浴中冷却,即可析出沉淀。

(4)如水分蒸发,可补充适量水分,总体积不超过 4mL。

(5)嘌呤碱基与硝酸银在氨溶液中生成白色的嘌呤碱基银盐沉淀,此沉淀放置后逐渐转变为红棕色。

(6)因生成钼的氧化物呈现蓝色。

(7)核糖在浓盐酸的作用下脱水转变为糠醛,再在三氧化铁的催化下,与 3,5-二羟基甲苯反应呈绿色。核糖的检出说明 RNA 的存在。

(8)脱氧核糖与二苯胺试剂反应,生成蓝色化合物。脱氧核糖的检出说明 DNA 的存在。

【思考题】

1. 多聚核苷酸是由单核苷酸连接而成的,其结合键是什么?

2. 写出任一种嘌呤单核苷酸的结构,并写出它分步水解成核苷,以及彻底水解的反应方程式。

【附】实验报告

1. 分离过程(用流程图表示)

2. 核酸组成的鉴定

项 目	实验现象	结 论
嘌呤碱基的检查	测定管	
	对照管	
磷酸的检查	测定管	
	对照管	
核糖的检查	测定管	
	对照管	
脱氧核糖的检查	测定管	
	对照管	

实验十九　花生油的提取及油脂的性质

【实验目的】

1. 了解从固体化合物中连续萃取有机化合物的原理。
2. 掌握索氏提取器的操作技术。
3. 通过实验验证油脂的某些性质。

【实验原理】

1. 液—固连续萃取

固体物质的萃取利用固体物质在液体溶剂中的溶解度不同来达到分离提取的目的,通常用浸出法或加热提取法,如药厂生产酊剂就常用浸出法。浸出法需消耗大量的溶剂和较长的时间。实验室一般用加热提取法,如用索氏提取器提取化合物即属加热提取法。索氏提取器是一种用于液—固萃取的高效装置如图 26 所示,其特点是用少量的溶剂可连续萃取固体化合物。

将滤纸做成与提取器大小相适应的套袋,然后把样品放置在纸套袋内,装入提取器,将萃取溶剂置于烧瓶中,随着溶剂被加热,蒸气便沿着侧臂上升,在冷凝管被冷凝并滴到样品上,当溶剂在提取器内达到一定高度时,就和所提取的物质一同从侧面的虹吸管流入烧瓶中。此过程反复进行,溶剂便一遍又一遍地重复使用,样品每次都接触到新鲜溶剂,最后将所要提取的物质集中到下面的烧瓶中。

2. 油脂的性质

油脂是甘油与脂肪酸所生成的酯,一般难溶于水,而易溶于乙醚、石油醚、氯仿、苯等有机溶剂中。油脂虽难溶于水,但在乳化剂(如肥皂水)的作用下,可形成稳定的乳浊液。

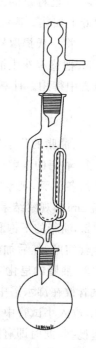

图 26　索氏提取器

天然油脂中的脂肪酸,有饱和的和不饱和的,而油中含不饱和脂肪酸较多,因此均可与溴起加成反应。

油脂在碱性溶液中水解生成肥皂,这种作用称为皂化。油脂皂化所得的甘油溶解于水,而肥皂在水中则形成胶体溶液,当加入饱和食盐水后,肥皂即被析出(盐析),由此可将甘油和肥皂分开。肥皂溶于水,当加入盐酸时,肥皂即生成游离的脂肪酸,高级脂肪酸在水中的溶解度很小,析出沉淀。

$$R-COONa + HCl \longrightarrow NaCl + RCOOH\downarrow$$

【仪器与试剂】

索氏提取器(125mL),圆底烧瓶(200mL),球形冷凝管,尾接管,三角烧瓶(100mL),温度计,大试管(内径2.5cm),滤纸,脱脂棉,沸石。

花生仁,氯仿,肥皂液,四氯化碳,溴的四氯化碳溶液,乙醇,乙醚,饱和食盐水,40% NaOH,10%盐酸。

【实验步骤】

一、花生油的提取

1. 取一洁净的圆底烧瓶加2~3粒沸石,称重待用。
2. 将一张适当大小的长方形滤纸卷在大试管上,把一端悬空的纸边向里折成筒底。称取10~20g花生仁,用刀切碎后[1],装入纸筒内,将筒边折入,装进提取器内[2]。
3. 在已称重的圆底烧瓶中加入100mL氯仿。按图26所示连好仪器,通冷却水后在电热套上加热。连续提取1.5h后,待冷凝液刚刚虹吸下去时,立即停止加热,冷却。
4. 将索氏提取器从烧瓶上取下,换上常压蒸馏装置,慢慢蒸去氯仿并回收之。
5. 把盛有花生油的烧瓶取下,称重,两次重量之差即为花生油重量。将花生油倒入一试管中待用。计算出油率。

$$出油率 = \frac{花生油重量}{花生仁重量} \times 100\%$$

二、油脂的化学性质

1. 油脂的溶解性和乳化现象 取干燥小试管二支,各加花生油1滴,然后分别加水和乙醚各5滴,观察哪支试管的油脂被溶解,然后在不溶解的试管中加入浓肥皂水几滴,振荡2min,观察结果。
2. 油脂的不饱和性检查 取干燥小试管一支,加入花生油2滴,再滴加四氯化碳使花生油溶解,然后加溴的四氯化碳溶液,振荡后观察结果。
3. 油脂的皂化 取花生油10滴,置于一大试管中,加入乙醇6mL,40%NaOH 4mL。将试管放在沸水浴中边加热边摇动约10min,待稍冷后,该溶液即为皂化液,取出皂化液1mL,放入小试管中,留作下面试验用,其余的倒入盛有20mL饱和食盐水的小烧杯中,边倒边搅拌,此时即有肥皂析出。
4. 油脂中脂肪酸的检查 取上面实验制得的皂化液1mL,加水6mL,边搅拌边滴加10%盐酸,直到淡色或白色脂肪酸完全析出为止。

【注　释】

(1)花生仁切得尽量小,但不能研磨,否则,花生仁的油会损失。
(2)应用索氏提取器装置时,所用滤纸套大小既要紧贴器壁,又要能方便取放,其高度不得超过虹吸管。

【思考题】

1. 固－液萃取的原理是什么？
2. 索氏提取器与浸取有什么区别？
3. 油脂为什么能使溴水褪色？为什么要加四氯化碳？

【附】实验报告：

1. 实验目的
2. 简述实验原理
3. 仪器与试剂
4. 实验步骤
5. 结果与讨论

实验二十　有机化合物官能团的定性反应

【实验目的】

1. 掌握官能团定性反应及现象。
2. 掌握官能团定性试验中常用的基本操作。
3. 熟悉官能团定性反应特点。

官能团的定性反应用于鉴定化合物是否含有某种特定基团,再配合波谱(IR,UV,NMR,MS)测定方法充分确定其结构。

选用适合于鉴定官能团的反应,必须考虑以下原则:

1. 实验方法简便易行,反应灵敏,样品用量小,短时间即出结果。
2. 反应结果必须有明显的现象,如鲜明的颜色、沉淀、气体生成、固体消失、特殊气味等。
3. 反应应当有选择性。如一个化学反应对大多数有机化合物都可以发生,从反应结果难以断定所分析化合物属于哪一类,往往还要做其他实验进一步确证。
4. 不因少量杂质的影响干扰判断。如用金属钠检验羟基,往往因许多样品或溶剂中含少量水分而作出错误判断。因此用这种方法检验羟基的存在是不可靠的。
5. 试剂来源方便。在利用官能团反应作鉴定时,既要考虑具体化合物的特殊性,又要考虑总体结构对化合物性质的影响。

【实验内容】

一、烃

1. 不饱和烃的性质

(1) 取试管 1 支,加入 1g/L 高锰酸钾溶液 2mL,再滴入 3mol/L 硫酸溶液一滴,振荡,加入松节油 2mL,看有何变化？说明原因。

(2) 取试管 1 支加入溴水 2mL,再加入松节油 2mL,振荡,有何变化？解释原因。

2. 芳烃的性质

(1) 芳烃的溴代反应

取 4 只试管编号,在 1,2 两只试管中加五滴苯,在 3,4 两只试管里各加入五滴甲苯。然后再分别加入 2 滴 3% 溴的四氯化碳溶液,振荡混匀。在试管 2,4 中各加入少量的铁粉。将四支试管随时摇动，观察有何现象？

如果温度过低，反应困难，可将试管放在沸水浴中加热几 min 后再观察现象。

(2)芳香烃的氧化反应

取 3 支试管，各加入 3 滴 0.5%高锰酸钾溶液和 25%稀硫酸溶液，然后分别加入 6 滴苯、甲苯和 0.05g 萘粉，用力振摇，放在 50℃～60℃水浴中加热 3～5min，观察现象并解释。

【注　释】

有时苯也有变色现象。主要原因：①苯中含有少量甲苯；②硫酸中含有少量的还原性物质；③水浴温度过高，加热时间过长。

【思考题】

甲苯的卤代反应为什么比苯易进行？

二、卤代烃

与硝酸银—醇溶液的作用

1. 不同烃基结构的反应

(1)取 3 支干燥试管，各放入饱和硝酸银乙醇溶液约 1mL，然后分别加入 2～3 滴 1-氯丁烷、2-氯丁烷及 2-氯-2-甲基丙烷，摇动试管，观察有无沉淀析出。如 5min 后仍无沉淀析出时，可在水浴中加热煮沸后再观察之，写出他们活泼性的次序及反应方程式。

(2)取 3 支干燥试管，并各放入饱和硝酸银乙醇溶液约 1mL，然后分别加入 2～3 滴 1-溴丁烷，溴化苄及溴苯，如上操作方法观察现象，记录活泼性次序并写出反应式。

2. 不同卤原子反应

取 3 支干燥试管，并各放入饱和硝酸银乙醇溶液约 1mL，然后分别加入 2～3 滴 1-氯丁烷、1-溴丁烷及 1-碘丁烷，如上操作方法观察沉淀生成的速度，记录活性次序。

【思考题】

1. 根据试验结果解释，为什么与硝酸银乙醇溶液的作用不同烃基的活泼性是 3°＞2°＞1°？

2. 卤原子在不同的反应中的活泼性为什么总是－I＞－Br＞－Cl？

三、醇

1. 醇的鉴定反应

取 4 支试管，分别加入 5 滴乙醇、正丁醇、乙二醇、2%苯酚，然后再加入 2 滴硝酸铈铵试剂，振摇，观察颜色的变化。

2. 醇的氧化反应

取 4 支试管,分别加入 3 滴乙醇、异丙醇、叔丁醇、蒸馏水(对照用),然后再各加入 5 滴 0.5％高锰酸钾溶液和 2 滴 2mol/L 硫酸,振摇并观察有何变化?

3. Lucas 试验

取 3 支干燥试管,分别加入 0.5mL 正丁醇、仲丁醇、和叔丁醇,立即各加入 1mL Lucas 试剂,试管口塞上塞子,用力振摇,温度最好保持在 26℃～27℃,观察混浊或分层快慢,如无变化,于小火微热,再观察现象。

4. 多元醇的反应

取一试管,滴加 2％硫酸铜溶液 5 滴,然后滴入 5％氢氧化钠溶液 8 滴,使氢氧化铜完全沉淀下来,将此悬浊液分为两份(等量)分别置于两个试管中,然后在振摇下分别滴加甘油和乙醇,观察结果,并进行比较。

【注　释】

含有 10 个碳以下的醇与硝酸铈铵能形成红色络合物,而酚类与此试剂作用生成绿色或棕色沉淀,此反应可用来鉴定化合物中是否含有羟基。

四、酚

1. 酚的酸性

取两支试管各放入 0.5g 苯酚固体,在一试管中加入 3mL 5％氢氧化钠溶液,另一试管中加入 3mL 5％碳酸氢钠溶液,观察现象。

2. 苯酚与三氯化铁的反应

在 3 支试管中,分别加入 5 滴 2％ 苯酚溶液、1％ 水杨酸溶液、1％乙醇溶液,然后再向每支试管中加入 1 滴 1％三氯化铁溶液,摇匀并观察现象。

3. 苯酚与溴水反应

取一试管,加入两滴 2％苯酚溶液,缓缓滴入饱和溴水 5 滴,振摇,观察现象。

六、醛和酮

1. 与 2,4-二硝基苯肼的试验

取 4 支试管,分别加入乙醛、苯甲醛、丙酮、丁酮各 2 滴,然后向试管中加入 3 滴 2,4-二硝基苯肼试剂,观察在滴加过程中有无沉淀产生,每个试管中出现的沉淀各是什么颜色。写出反应方程式。

2. 与亚硫酸氢钠的反应

取 4 支试管、分别加入新配制的饱和亚硫酸氢钠溶液 1mL,再各加入 3 滴乙醛、苯甲醛、丙酮、丁酮样品,振摇,置冷水中冷却观察有无结晶产生。如没有,可将试管放置 5～10min 之后再观察。

3. 碘仿反应

取 6 支干燥试管,各加入 1 滴碘化钾-碘溶液和 3 滴 2mol/L 氢氧化钠溶液,摇匀后再分别加入1滴甲醛、乙醛、苯甲醛、丙酮、乙醇、乙酸,观察是否有黄色碘仿沉淀生成。

4. Tollens 反应(银镜反应)

取3支试管,各加入5%硝酸银10滴,5%氢氧化钠1滴,立即有棕色氢氧化银沉淀生成,然后在各试管中滴入2mol/L氨水溶液,边加边摇,直至沉淀溶解。再向3支试管中分别加入甲醛、苯甲醛、苯乙酮各1滴然后放在水浴中加热,观察现象。

5. Fehling 反应

取FehlingA液和FehlingB液各2mL,放入一大试管中,混合后分别置于4个小试管中,然后各滴入4滴甲醛、乙醛、丙酮、苯甲醛,摇匀后,在沸水浴中煮沸5min,观察现象,并比较结果。

【注 释】

(1)配制时不能加过量的氨水溶液,否则降低试剂灵敏度。

(2)Tollens 试剂必须在临用前配制,因久置后将分解失效,并且析出黑色的氮化银(Ag_3N)沉淀,它受震动时分解,发生猛烈的爆炸,有时潮湿的氮化银也能引起爆炸。

(3)此实验所用试管必须洁净,否则金属银成黑色细粒沉淀析出。

(4)试验完毕后,应加入硝酸少许,立刻煮沸洗去银镜,以免反应液放置后可能产生雷酸银,此物干燥时易爆炸。

(5)Fehling 试剂是由硫酸铜和酒石酸钾钠的碱性溶液混合而成。

(6)反应产生的氧化亚铜为砖红色,它不与酒石酸钾钠形成络合物,结果析出的是有色沉淀反应过程为:蓝色—绿色—黄色—砖红色。

(7)甲醛被氧化生成的甲酸,仍具有还原性,结果氧化亚铜继续被还原为金属铜,呈暗红色粉末或铜镜析出。

七、羧酸及其衍生物

(一)羧酸的性质

1. 羧酸的酸性

(1)将甲酸、乙酸各10滴及草酸0.5g分别溶于2mL水中。然后用洁净的玻棒分别蘸取相应的酸液,在同一条刚果红试纸上划线,比较线条颜色和深浅程度。

(2)取固体苯甲酸少许(绿豆粒大小)放于试管中,加入5滴水振摇,观察苯甲酸是否易溶于水,再加5滴氢氧化钠溶液,振摇并观察苯甲酸是否溶解。

(3)取固体苯甲酸少许放在试管中,加10滴碳酸钠溶液,振摇,观察苯甲酸是否溶解。

2. 酯化反应

取干燥大试管1个,加入5mL无水乙醇和4滴冰醋酸,混合后,再加5滴浓硫酸,振摇试管,并将其浸在60℃~70℃水浴中加热3min,注意勿使试管内液体沸腾,取出试管将其浸在冰水中冷却,然后加2mL水,嗅其有无酯的香味。

3. 脱羧反应

在一干燥的带有支管的试管中,放入约0.5g草酸(约1小药匙),管口塞上塞子加热,将试管的支管插入盛有澄清石灰水的试管中,观察石灰水的变化。

(二)酰氯和酸酐的性质

1. 水解作用

在试管中加入 2mL 蒸馏水,再加入数滴乙酰氯,观察现象。反应结束后在溶液中滴加数滴 2% 硝酸银溶液,观察现象。

2. 醇解作用

在一干燥的试管中放入 1mL 无水乙醇,慢慢滴加 1mL 乙酰氯,同时用冷水冷却试管并振荡。反应结束后先加入 1mL 水,然后小心地用 20% 碳酸钠溶液中和反应液使之呈中性,即有一酯层浮在液面上。如没有酯层浮起,在溶液中加入粉状的氯化钠致使溶液饱和为止,观察现象并嗅气味。

3. 氨解作用

在一干燥的小试管中放入新蒸馏过的淡黄色苯胺 5 滴,然后慢慢滴加乙酰氯 8 滴,待反应结束后再加入 5mL 水并用玻璃棒搅匀,观察现象。

用乙酸酐代替乙酰氯重做上述三个试验,注意反应较乙酰氯难进行,需要在热水浴加热的情况下,较长时间才能完成。

【注 释】

反应中所用乙酰氯必须无色透明、纯度较高,否则,影响实验效果。

八、胺和酰胺

1. 胺的碱性

(1)取一小块试纸,测定二甲胺水溶液的酸碱性。

pH = _____

(2)在一试管中加入 1 滴苯胺和 3 滴水,振摇并观察苯胺是否易溶于水。再向其中加入 3~4 滴 2mol/L 盐酸,振摇并观察苯胺是否溶解。

2. 苯胺的溴化反应

取一小试管,加入苯胺水溶液 10 滴,逐滴加入 5 滴饱和溴水,观察现象。

3. 磺酰化反应

取三支试管,分别加入苯胺、N-甲基苯胺、N,N-二甲基苯胺各 2 滴,再各加 10 滴 10% 氢氧化钠溶液和 2 滴苯磺酰氯,塞好塞子用力振摇。手触试管底部,判断哪支试管发热并解释为什么。用 pH 试纸测试三支试管内的溶液是否呈碱性,如不呈碱性可再加几滴氢氧化钠溶液。反应完后,观察下述三种情况,并判断哪个为 1°,2°,3° 胺。

(1)如有固体析出,将上清液倾出。向残渣内加入过量的 10% 氢氧化钠溶液,若固体溶解,在加入盐酸酸化后又析出沉淀,表明为 1° 胺。

(2)溶液中析出油状物或沉淀,加入过量的 10% 氢氧化钠溶液仍不溶解,且不溶于盐酸,表明为 2° 胺。

(3)溶液有油状物,加盐酸酸化后即溶解,表明为 3° 胺。

4. 酰胺的水解

在 1 小试管中,放入 0.2g 乙酰胺和 10％氢氧化钠溶液 1mL,将溶液加热煮沸,嗅其气味,并将湿润的红色石蕊试纸放在试管口,观察颜色的变化。

【注　释】

(1)胺类化合物具有碱性,是判断这类化合物最重要的依据,它可以和各种酸生成铵盐。

(2)苯磺酰氯水解不完全时,可与 3°胺混在一起,而沉于试管底部。应在酸化前在水浴上加热,使苯磺酰卤水解完全,此时 3°胺全部附在溶液上面,下部无油状物。

九、糖

1. Molisch 试验(与 α-萘酚的反应)

在 3 支试管中,分别加入 0.5mL5％葡萄糖、2％蔗糖、5％淀粉溶液,再分别滴加 2 滴 10％α-萘酚的乙醇溶液,混合均匀后,把试管倾斜 30°,沿试管壁慢慢加入 1mL 浓硫酸(勿摇动),硫酸在下层,样品在上层,两层交界处出现紫色环,表示溶液含糖类化合物。

2. 糖的还原性试验

取 5 支小试管,给其编号,各加入 10 滴 Benedict 试剂,然后分别加入 5 滴 2％葡萄糖、2％果糖、5％麦芽糖、2％蔗糖、2％淀粉溶液,振荡后,把试管一起放入沸水中,加热 2～3min,观察现象。

单糖又称还原性糖,能还原 Fehling 试剂、Tollens 试剂及 Benedict 试剂。葡萄糖等还原性糖与 Benedict 试剂作用,Benedict 试剂中的 Cu^{2+} 被还原成 Cu^+,而呈氧化亚铜(Cu_2O)砖红色沉淀。临床上检查病人尿中是否有糖常用此反应。

3. 蔗糖和淀粉的水解

在两支小试管中,分别加入 2％蔗糖,2％淀粉溶液 2mL,再各加 2 滴 3mol/L 硫酸溶液。振荡后,把试管放入沸水浴中,将蔗糖溶液加热 10～15min,淀粉溶液加热 20～25min,取出试管,用 5％的碳酸钠溶液中和其中的酸,直到试管中无气泡生成为止。取该溶液 10 滴,加 Benedict 试剂 10 滴,振荡后,把试管放入沸水浴中加热 2～3min,观察现象。

4. 糖脎的生成

取 3 只小试管,分别加入 2mL2％葡萄糖、5％麦芽糖和 2％果糖,再加入新配制的盐酸苯肼 1mL。振摇后,将试管置入沸水浴中加热 35min。取出试管,自行冷却,即有黄色结晶析出,注意形成结晶所需的时间,并在显微镜下观察其晶形,见图 27。

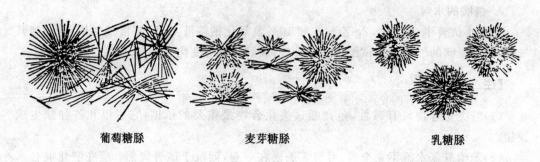

葡萄糖脎　　　　　麦芽糖脎　　　　　乳糖脎

图 27　糖脎的晶形

【注　释】

(1) 紫色环的生成，一般认为是糖被浓硫酸脱水生成糠醛的衍生物，后者再进一步与 α-萘酚缩合成有色物质。

(2) 苯肼有毒，使用时勿让其与皮肤接触，如不慎触及，应用 5％ 醋酸溶液冲洗，再用肥皂洗涤。

【附】实验报告：

1. 实验目的
2. 反应式和现象（见下表）
3. 实验结果

类别	试剂	现象	方程式	解释

实验二十一　从牛奶中分离与鉴定酪蛋白和乳糖

【实验目的】

1. 初步掌握分离提纯生物大分子物质的一些方法。
2. 明确蛋白质和糖类的一些重要性质和鉴定方法。

【实验原理】

酪蛋白是牛奶中的主要蛋白质,其浓度约为 35g/L。蛋白质是两性化合物,当调节牛奶的 pH 值达到酪蛋白的等电点 4.8 左右时,酪蛋白的溶解度最小,从牛奶中析出。在牛奶中还含有 4%～5% 的乳糖,通过离心分离出酪蛋白和乳糖。乳糖是还原性二糖,它的水溶液有变旋光现象,达到平衡时的比旋光度是 +53.5°。含有一分子结晶水的乳糖的熔点是 210℃。酪蛋白的鉴定可通过电泳或蛋白质的颜色反应,乳糖则可通过旋光仪及 TLC 或糖脎的生成来鉴定。

【仪器与试剂】

SHZ-C 型循环水式多用真空泵(公用),双列二孔电热恒温水浴锅(或电炉子)。离心机,干燥箱,架盘药物天平,不锈钢刮铲,剪子,150mL 烧杯,温度计(0℃～100℃),10mL 量杯,50mL 烧杯,抽滤瓶,布氏漏斗,定性滤纸,称量纸,药匙,试管架及试管,回收瓶,木夹子,玻棒,蒸发皿。电泳仪,层析缸,玻璃板(20cm×5cm),毛细管,喷雾器,WXG-4 小型旋光仪。

脱脂牛奶,茚三酮试剂,8cm×2cm 的醋酸纤维薄膜,巴比妥缓冲液,Coomassiea 染色液,乳糖,盐酸苯肼—醋酸溶液,葡萄糖,半乳糖,95% 乙醇,5% NaOH,1% 硫酸铜,浓硝酸,浓氨水,浓硫酸,10% 碳酸钠,冰。

【实验步骤】

1. 酪蛋白的分离

取 50mL 脱脂牛奶置于 150mL 烧杯中,水浴加热至 40℃,边搅拌边滴加稀乙酸溶液 (1∶9),此时既有白色的酪蛋白沉淀析出,继续滴加稀乙酸溶液,直至酪蛋白不再析出为止,混合液的 pH 约为 4.8,应避免酸加得过多。冷却至室温,混合液放入离心机中离心。上清液(乳清)经漏斗过滤于蒸发皿中,留作乳糖的分离与鉴定。沉淀(酪蛋白)转移至另一烧杯中,加 95% 乙醇 20mL,搅匀后减压过滤,以 1∶1(V/V)的乙醇—乙醚混合液洗涤沉淀2次(每次约10mL),最后用5mL乙醚洗涤1次,抽干。留作鉴定用。

2. 酪蛋白的鉴定

取约0.5g酪蛋白溶解于含有0.4mol/L NaOH 的生理盐水 5mL 中,分别用于蛋白质的颜色反应和蛋白质的醋酸纤维薄膜电泳鉴定。

(1)缩二脲反应　在一小试管中加入5滴酪蛋白溶液和5滴5％NaOH溶液,摇匀后加入1％硫酸铜溶液2滴。振摇后观察颜色变化。

(2)蛋白黄色反应　在一小试管中,加入酪蛋白溶液10滴及浓硝酸溶液3滴,水浴中加热,生成黄色硝基化合物。冷却后再加入5％NaOH溶液15滴,溶液成橘黄色。

(3)茚三酮反应　在一小试管中,加入酪蛋白溶液10滴,然后加入茚三酮试剂4滴,加热至沸,既有蓝紫色出现。

(4)酪蛋白的醋酸纤维薄膜电泳　将8cm×2cm的醋酸纤维薄膜浸于巴比妥缓冲液(pH=8.6,I=0.06mol/kg)中,待完全浸透后,取出薄膜放于滤纸上,轻轻吸去多余的缓冲液。用毛细管将酪蛋白溶液离薄膜(无光泽的一面)的一端约1.5cm处,在电泳槽内进行电泳。电极液为巴比妥缓冲液,将薄膜的点样一端放在负极,电压为120V,电流为0.4~0.6 mA/cm,电泳时间约40~60min。

电泳结束后,取出薄膜浸入Coomassiea染色液(Coomassiea R250 0.5g 溶于1L 比例为乙酸:甲醇:dH$_2$O = 1:5:5 的溶液)。5min 后取出,进入漂洗液(甲醇:乙酸:dH$_2$O = 1:1.5:17.5)中进行漂洗,约 10 min 后可见 3 条酪蛋白谱带。

3. 乳糖的分离

将上述实验中所得的上清液(即乳清)至于蒸发皿中,用小火浓缩至5mL左右,冷却后,加入95％乙醇10mL,冰浴中冷却,用玻棒搅拌摩擦,使乳糖析出完全,经布氏漏斗过滤,用95％乙醇洗涤结晶2次(每次5mL),得粗乳糖晶体。

将粗乳糖晶体溶于8mL,50℃~60℃水中,滴加乙醇至产生浑浊,水浴加热至浑浊消失,冷却,过滤,用95％乙醇洗涤结晶,干燥后得一分子结晶水的纯乳糖。

4. 乳糖的鉴定

(1)乳糖的变旋光现象　精确称取1.25g乳糖用少量蒸馏水溶解,转入25mL容量瓶中定容,将溶液装于旋光管中,立即测定其旋光度,每隔1min测定一次,至少测定6次,8min内完成,记录数据。10min后,每隔2min测定1次,至少测定8次,20min内完成。记录数据,以供计算比旋光度。迅即在样品管中加入2滴浓氨水摇匀,静置20min后测定其旋光度,计算出比旋光度。

(2)乳糖的水解　取0.5g自制的乳糖放入大试管中,加入5mL蒸馏水使其溶解,用小试管取出1mL溶液以备用于糖脎鉴定,在剩下的4mL乳糖溶液中加入2滴浓硫酸,于沸水浴中加热15min。冷却后加入10％碳酸钠溶液使呈碱性。

(3)糖脎的生成　在1mL上述乳糖水解液中及备用的乳糖中,分别加入新鲜配制的盐酸苯肼—醋酸溶液1mL,摇匀,置沸水浴中加热30min后取出试管,自行冷却,去少许结晶在低倍显微镜下观察。

(4)糖类的硅胶G(TLC)鉴定　用0.02mol/L醋酸钠调制的硅胶G铺板,用溶剂乙酸乙酯:异丙醇:水:吡啶(26:14:7:27)进行层析。层析后用苯胺-二苯胺-磷酸为显色剂,喷洒后在110℃烘箱加热至斑点显出,分别以10g/L的葡萄糖、半乳糖及乳糖标准品作对照。

【思考题】

1. 在酪蛋白的分离实验中,加稀乙酸溶液使酪蛋白沉淀析出,为何要避免酸加得过多?
2. 在平衡的水溶液中,β-乳糖存在的程度较大,为何可以这样预料?
3. 写出一个从牛奶中分离酪蛋白和乳糖的分离方案草图。

【附】实验报告:

1. 实验目的
2. 简述实验原理
3. 仪器于试剂
4. 实验步骤(用制备流程图表示)
5. 结果与讨论

# 实验二十二　模型作业

【实验目的】

1. 观察有机化合物分子的立体形象。
2. 探讨有机化合物结构与性质的关系。

【实验原理】

分子结构通常用分子模型来表示。通常使用的一种模型是球棒模型，用不同颜色的小球代表不同的原子或原子团。

例如：

碳	黑色	氢	白色
甲基	黄色	溴	红色
羧基	蓝色	氯	绿色

各种色球间用短棒或套管或弹簧相连接，以表示原子或原子团间的化学键。碳原子相互间通过单键、双键和叁键连接成链或环。

【模型材料】

有机分子模型一袋。

【模型练习】

1. 搭出丁烷的所有异构体，并用 Newman 投影式画出正丁烷的构象式。
2. 搭出丁烯的所有异构体，并用顺、反或 Z,E 构型命名法命名 2-丁烯。
3. 搭出丁烯二酸，并确定其顺、反异构体。
4. 试用分子模型说明下列各组中两个化合物的关系（相同化合物？对映体？非对映体？），并用 R,S 构型命名法标出各个化合物的构型。

```
    CH₃           CH₃           CH₃           CH₃
    |             |             |             |
H —— Br       H —— Cl       Br —— H       Cl —— H
    |             |             |             |
    Cl            Br            Cl            Br
   (1)           (2)           (3)           (4)
```

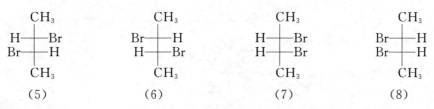

5. 试用模型找出下列 a～f 中哪些互为相同构型的化合物，并用 R,S 构型命名法命名。

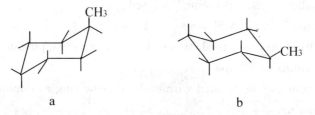

6. 下列为甲基环己烷的两种构象式，试以模型说明哪一种较稳定？

7. 分别写出反式-1,4-二甲基环己烷以及顺式和反式 1-甲基-4-叔丁基环己烷的稳定构象式，并用模型说明理由。

【附】实验报告

1. 实验目的
2. 模型材料
3. 模型练习（画出每题的立体结构式，并根据每题的要求命名及说明理由。）

Model Exercises

Objective

1. Observe stereoscopic images of organic compound molecules.
2. Study the relationship between the structures and properties of organic compounds.

Principle

The molecular structure can usually be shown by molecular models. The general used model is "ball-and-stick" model. Different color small balls are used to symbolize the various atoms or groups.

For example:

Carbon	black	Hydrogen	white
Methyl	yellow	Bromine	red
Carboxyl	blue	Chlorine	green

The various balls may be joined with short stick or casing pipe or spring, indicating chemical bond of atoms or groups.

The carbon atom may be bonded with each other by single, double and triple bonds to form a chain or ring.

Model Material

A bag of organic molecular model.

Model Exercises

1. To form butane's all isomers, and draw conformations of n-butane by Newman projection.
2. To form butene's all isomers, and name with cis-trans or Z, E nomenclature system.
3. To form butenedioic acid, and determine cis or trans-isomers.
4. Try to explain the following relations between two compounds in each group by molecular models (same compound? enantiomer? diastereomer?), and write out the fol-

lowing compounds' configuration with R, S nomenclature system.

```
    CH₃           CH₃           CH₃           CH₃
H──┼──Br      H──┼──Cl      Br──┼──H       Cl──┼──H
    Cl            Br            Cl            Br
   (1)           (2)           (3)           (4)

    CH₃           CH₃           CH₃           CH₃
H ──┼──Br     Br──┼──H      H ──┼──Br     Br──┼──H
Br──┼──H      H ──┼──Br     H ──┼──Br     Br──┼──H
    CH₃           CH₃           CH₃           CH₃
   (5)           (6)           (7)           (8)
```

5. Try to find out which ones have the same configuration in the following compounds a~f with models, and name with the R, S nomenclature system.

(Figures a, b, c, d, e, f)

6. The followings are two conformations of methylcyclohexane, try to explain which one is more stable.

(Figures a and b)

7. To form stable conformations of trans-1,4-dimethylcyclohexane, cis and trans 4-tert-butyl-1-methylcyclohexane, and explain the reason with model.

Affixation

The requirement of experiment report
1. Objective

2. Principle
3. Apparatus and chemicals
4. Procedure
5. Results and discussion

实验二十三　紫外光谱(UV)

【实验目的】

1. 了解紫外光谱的基本原理。
2. 熟悉用紫外光谱鉴定未知物的方法。

【实验原理】

电磁波谱的紫外部分可分为远紫外(波长 4～200nm)和近紫外(波长 200～400nm)两个区域。空气中的氧能吸收远紫外光,测定此区的光谱需用要求很高的真空技术,故此区域又称真空紫外区。对于近紫外光,空气是没有吸收的,可用石英光学系统。常用的分光光度计包括紫外及可见两部分,使用波长范围为 200～800(或 1000)nm。

有机物的紫外光谱是由价电子跃迁所引起的,价电子的跃迁类型有：

$\sigma \rightarrow \sigma^*$　　　　$n \rightarrow \sigma^*$　　　　$\pi \rightarrow \pi^*$　　　　$n \rightarrow \pi^*$

其中 $\pi \rightarrow \pi^*$ 和 $n \rightarrow \pi^*$ 跃迁所需能量在近紫外及可见区,更具有实际意义。

电子跃迁类型相同的吸收峰称为吸收带,在研究有机物结构、解析光谱时,可从吸收带来推断化合物的结构。吸收带由四种类型,大体上可借他们的 ε 值予以区别。

R 带：$n \rightarrow \pi^*$ 跃迁引起,特点 $\varepsilon_{max} < 100$。

K 带：共轭体系的 $\pi \rightarrow \pi^*$ 跃迁引起,特点 $\varepsilon_{max} > 10000$。

B 带：苯环 $\pi \rightarrow \pi^*$ 跃迁引起,特点 ε_{max} 250～3000,并有细微结构。

E 带：苯环中三个双键的环状共轭体系的 $\pi \rightarrow \pi^*$ 跃迁引起,特点 ε_{max} 2000～10000。

紫外光谱的一些经验规则,如 Woodward 规则、Fieser－Kuhn 公式、Fieser 规则和 Scott 规则等,对推断结构极为有用。利用这些结构计算某些有机物的 λ_{max} 值,再和实验值对照,根据符合与否,就能对有关化合物的结构作出正确的判断。

有机物在紫外及可见区内的吸收与分子的电子结构有关,实际上许多电子结构在近紫外区是没有吸收的,因此紫外光谱法的主要应用限于有共轭体系的化合物。

紫外吸收光谱是以吸收强度(A),也可以用摩尔吸收系数 ε(摩尔吸收强度)或 lgε 为纵坐标。以波长(nm)为横坐标。图 28 是以吸收强度 A 为纵坐标,波长为横坐标作出的紫外光谱图；图 29 是以 lgε 为纵坐标,波长为横坐标作出的紫外光谱图。

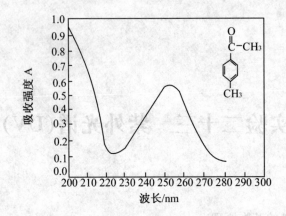

图 28 对-甲基苯乙酮的紫外吸收光谱图

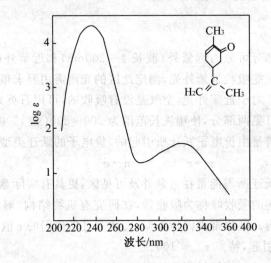

图 29 香芹酮的紫外光谱图

【实验操作】

1. 样品的准备

有机物的紫外吸收光谱,一般都用样品溶液进行测定。样品的用量一般为 0.1~100mg,所用的溶剂除能溶解样品外,还应在 200~400nm 间没有吸收,常用的溶剂有水、甲醇、乙醇、乙烷、环己烷等。样品溶液的浓度则取决于吸收带的摩尔吸收系数 ε 和样品槽的厚度。

本试验测定样品为芦丁(芸香苷),以无水乙醇为溶剂,配成浓度为 $6.8\mu g/mL$ 的溶液,置于 1cm 样品槽中备用。

2. 光谱的测定和记录

(1) 开机准备:将紫外分光光度计接通电源,进行预热。

(2) 选择扫描波段(200~370nm)和操作条件(光源、狭缝、量程、分辨率、扫描速度和记录速度等)。

(3)在紫外分光光度计试样室的参比侧和样品侧均置入盛有无水乙醇(空白)的1cm样品槽,并调节零点。

(4)取出样品侧的溶剂槽,换下装有芦丁溶液的样品槽,然后开始扫描并记录芦丁的紫外吸收谱。

3. 光谱的解析

根据扫描所得的紫外光谱,确定各吸收峰的 λ_{max} 值;计算 ε_{max} 并进行解析。

【思考题】

1. 用于紫外光谱测定的溶剂必须具备什么条件?

2. 某有机物在235nm有一吸收峰,用1.0cm的样品槽,在235nm下测得浓度为 2.0×10^{-4} mol/L 的该有机物溶液的透射率是20%,计算此有机物的 ε_{max}。

3. 乙醛在160、180和290nm有吸收峰,每个吸收峰由什么类型的跃迁所引起的?

实验二十四 红外光谱法（IR）

【实验目的】

1. 了解红外光谱的基本原理。
2. 初步了解红外分光光度计的使用方法。
3. 掌握红外光谱图的解析。

【实验原理】

各种吸收光谱的产生都是由于用一定能量的光照射分子，不同的分子结构吸收不同的能量，即一定波长的光，因此各种吸收光谱就反映出分子的内在结构。由红外线照射而产生的吸收光谱称为红外光谱。

红外光谱是由分子振动能级（伴随有转动能级）跃迁而产生的，为振动光谱。分子中化学键是在不停地振动的，多原子分子中存在着的振动类型有：

$$伸缩振动(\upsilon)$$
$$弯曲振动(\delta)$$

分子振动能级是量子化的，分子发生振动能级跃迁时，需要吸收一定波长的红外光。因此，用连续改变波长的红外光依次照射一有机物样品，就能观察到某些波长的红外光被吸收，另一些波长的红外光则不被吸收，若以透射百分率（$T\%$）为纵坐标，波长 λ（nm）或波数 σ（cm^{-1}）为横坐标作图，就可得到红外吸收光谱，见图 30，图 31，它反映一个化合物在不同波长光谱区域吸收能力的分布情况。

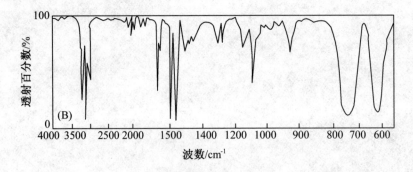

图 30　聚苯乙烯的红外光谱

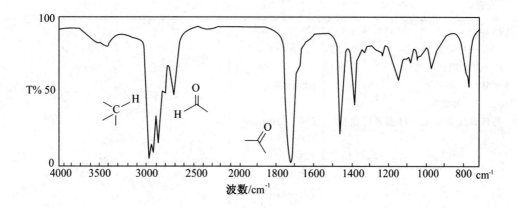

图 31　2-乙基丁醛的红外光谱

红外光谱图上 4000～1300 cm^{-1} 的高频区吸收峰较稀疏，吸收主要是由于分子的伸缩振动引起的，常用来鉴定官能团或其他原子团的存在，因此称为特征谱带区。1300～650 cm^{-1} 这段区域有相当复杂的吸收带，每个化合物在这一区域都显示特异的光谱，犹如人的指纹，故称"指纹"区，是由化学键的弯曲振动和部分单键的伸缩振动引起的。该区的光谱对于核对两个化合物是否相同很有用。

表 3　　常见官能团和化学键的红外光谱特征吸收波数

基　团	波数/cm^{-1}	强　度
烷基		
C—H（伸缩）	2853～2962	m,s
—CH(CH$_3$)$_2$	1380～1385	s
	1365～1370	s
—C(CH$_3$)$_3$	1385～1395	m
	～1365	s
烯烃基		
C—H（伸缩）	3010～3095	m
C=C（伸缩）	1620～1680	υ
R—CH=CH$_2$ ⎫	985～1000	s
R$_2$C=CH$_2$ ⎬ C—H 面外弯曲	905～920	s
(Z)—RCH=CHR ⎪	880～900	s
(E)—RCH=CHR ⎭	675～730	s

续表

炔烃基		
≡C—H(伸缩)	3310~3300	s
C≡C(伸缩)	2190~2260	υ
芳烃基	3080~3030	υ
Ar—H(伸缩)		
芳环取代类型(C—H面外弯曲)	690~710	υ,s
一取代	730~770	υ,s
	735~770	s
邻二取代	680~725	s
间二取代	750~810	s
	790~840	s
对二取代		
醇、酚和羧酸	3200~3600	宽,s
OH(醇、酚)	2500~3600	宽,s
OH(羧酸)		
醛、酮、酯和羧酸	1690~1750	s
C=O(伸缩)		
胺	3300~3500	m
N—H(伸缩)		
腈	2200~2600	m
C≡N(伸缩)		

注:s=强,m=中,υ=不定,~=约

红外分光光度计是用来测定物质红外光谱的精密仪器。图 32 是红外分光光度计的结构示意图。

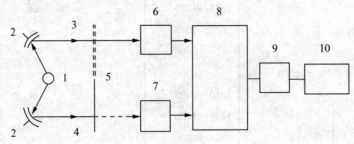

图 32　红外分光光度计示意图

1—光源;2—反光镜;3—参比光束;4—样品光束;5—斩光器;6—空白池;
7—样品池;8—单色器;9—检测器;10—记录器

【仪器与试剂】

红外分光光度计,玛瑙研钵,红外灯,制片机,可拆卸液体池。

无水 KBr,聚苯乙烯薄膜(厚 0.5mm),苯甲酸,氯仿。

【实验操作】

一、苯甲酸红外光谱的测绘(KBr 压片法)

1. 样品片制备

(1) 取已干燥的光谱纯或优级纯的 KBr 约 200mg，再取已纯化的样品苯甲酸约 1～2mg，置于干净的玛瑙研钵中，于红外灯下研磨混匀。

(2) 将研磨均匀的粉末倒入片剂模子中，铺匀，装好模具，置于油压机上，连接真空系统，先抽气 3～5min 以除去混在粉末中的湿气及空气，再边抽气边加压至 12 吨维持 3min，解除真空，打开油压机，取出模具，压出 KBr 片，应为一透明片子，将其置于样品架上备测。

2. 测定光谱

(1) 开机准备 在教师指导下，开启仪器进行预热。

(2) 选择操作条件 纵坐标透射百分数(T%)、横坐标波数(cm^{-1})、狭缝、分辨率。扫描上限 $4000cm^{-1}$，扫描下限 $650cm^{-1}$，扫描时间 12min。

(3) 校验仪器

1) 将聚苯乙烯薄膜插入分光光度计。

2) 放下记录笔直至位于谱图吸收基线以下。

3) 移动或者旋转谱图载体，并在校准区域①$2850cm^{-1}$ 或②$1601cm^{-1}$ 或③$906cm^{-1}$ 扫描以获得每一个位置的聚苯乙烯校正峰。

(4) 扫描、记录 选择好操作条件后，即可进行扫描记录苯甲酸的红外谱图。

实验结束，用 CCl_4 清洗样品池，干燥后放入干燥器内。

二、谱图分析

1. 参照表 3，根据峰强和峰位，指出苯甲酸谱图上特征吸收峰归属。

2. 将自测的谱图与图 31 进行对照，确认所测样品为苯甲酸。

【注　释】

1. 所测样品必须是不含水分，并有高度纯度。

2. 若液体样品黏度太小或太易挥发，以致无法得到薄膜或形成的液膜太薄，就得应用盛溶液的样品槽测定光谱。

【思考题】

1. 下列化合物的红外光谱有何不同，试说明之。

2. 下图为分子式 C_8H_8O 的有机物的 IR 谱，指出此化合物中含氧官能团的类型。

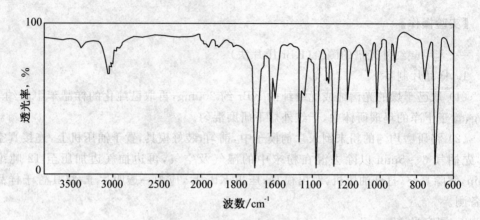

图 33 C_8H_8O 的红外光谱

实验二十五 核磁共振谱(NMR)

【实验目的】

1. 了解核磁共振光谱的基本原理。
2. 学会核磁共振谱图的解析。

【实验原理】

当自旋的原子核处在强磁场中,因感应而产生的不同能级间,可因吸收一定能量的射频而发生跃迁,这种在外磁场中的原子和对射频的吸收就称为核磁共振(nuclear magnetic resonance)简称 NMR。

某些原子具有自旋现象,例如 ^1H、^{13}C、^{19}F 核等。根据量子力学计算,这些核都有一定的自旋量子数 I,I>0 的核在自旋中会产生磁场,具有一定的磁矩。当一个自旋核置于外磁场中,其自旋取向不是任意的,而是量子化的,自旋取向等于 2I+1。例如,I=1/2 的 ^1H 核就有两个取向(2×1/2+1=2),一个与外磁场同向(低能态),另一个与外磁场反向(高能态),两个能级之间的能量差 $\Delta E = 2\mu H_0$ (H_0 为外磁场强度,μ 为核磁矩)。

在外磁场中的自旋核,用电磁波照射时,若电磁波的能量 ($E=h\gamma$) 与核的跃迁能量 ($\Delta E = 2\mu H_0$) 相等时,即发生共振,能量核被核吸收,核从低能态向高能态跃迁,此时

$$h\gamma = 2\mu H_0 \quad \text{或} \quad \gamma = 2\mu/h \cdot H_0 \text{(核磁共振条件)}$$

若固定照射电磁波的频率 γ,逐渐变动外加磁场强度 H 至某一定值时,刚好满足上述共振条件,能量即被吸收而产生共振吸收峰,并可通过记录仪加以记录,这种方法叫做扫场。一般核磁共振仪均采用此种方法记录和绘出核磁共振谱图。

在有机化合物结构测定中,应用最广泛的是氢原子核的核磁共振谱(PMR),它可以提供以下三方面的基本信息(三个参数),对确定结构和鉴定化合物具有重要意义。

1. 化学位移

表示共振吸收峰在谱中的位置,常用相对值表示,以某基准物质(如四甲基硅烷 TMS)的峰作零点,测出其他各峰与零点的相对距离,作为化学位移(δ)值。有机化合物中,各种氢核的化学位移值取决于它们的化学环境,如果外磁场对氢核的作用受到周围电子云的屏蔽,吸收峰就出现在高场(δ 值较小);反之,屏蔽效应减弱(邻近吸电子基团的存在),则共振峰出现在低场(δ 值较大)。因此,根据化学位移值可推知各种氢核的化学环境。

表 4　　　　　　　　　　　　一些常见基团质子的化学位移

质子的类型	化学位移/ppm	质子的类型	化学位移/ppm
RCH_3	0.9	RCH_2I	3.2
R_2CH_2	1.3	ROH	1~5（温度、溶剂、浓度改变时影响很大）
R_3CH	1.5	RCH_2OH	3.4~4
$C=CH_2$	4.5~5.3	$R-OCH_3$	3.5~4
$-C\equiv CH$	2~3	$R-\overset{O}{\underset{\|}{C}}-H$	9~10
$\underset{R'}{\overset{RC=CH}{}}$	5.3	HCR_2COOH	2
⌬CH_3	2.3	$R_2CHCOOH$	10~12
⌬H	7.27	$RCOOCH_3$	3.7~4
RCH_2F	4	$\underset{H_3C}{\overset{\equiv C}{}}C=O$	2~3
RCH_2Cl	3~4		
RCH_2Br	3.5	RNH_2	1~5（峰不见锐，时常出现1个"满头形"的峰）

2. 峰面积和氢核数目

在核磁共振谱中，各吸收峰下的面积与引起各峰吸收的氢核数目成正比。若用自动积分仪对峰面积积分，可得阶梯式积分曲线。积分曲线的总高度与分子中全部氢核数目成正比，每一阶梯的高度则取决于引起各峰吸收的氢核数目。

3. 自旋偶合和自旋裂分

在高分辨的核磁共振谱中，吸收峰常裂分成多重峰。峰的裂分是由相邻两个氢核之间自旋偶合引起的。自旋的核磁矩可以通过成键电子影响相邻的核，这种相邻两个自旋核之间的相互作用称为自旋偶合（自旋干扰）。由于自旋偶合而引起的裂分峰数可按"$n+1$"规律求得。在一般情况下，若某一个（或一组等性的）氢核和另外 n 个等性氢核偶合时，这个（或这组）氢核的吸收峰裂分成 $n+1$ 个峰。裂分峰之间的距离称为偶合常数，用 J 表示，单位为周/秒（CPS）或赫兹（Hz），J 值的大小往往反映了核之间自旋偶合的有效

实验二十五 核磁共振谱(NMR)

程度。从自旋偶合引起的裂分峰数可确定相邻原子上的氢核数目和空间关系。

【实验操作】

1. 样品的准备

不黏稠的液体化合物可直接测定,黏稠的液体化合物则必须先制成溶液,样品的浓度为 10%~30%(w/w),通常为 20%。

固体样品须用适当的溶剂溶解,配成浓度为 20% 的溶液用于测定,所用的溶剂自身不产生共振吸收峰,亦即溶剂本身不含氢原子,常用不含氢的溶剂有:CCl_4,CS_2 等,也可用重水(D_2O)或氘代试剂如 $CDCl_3$,CD_3OD,$(CD_3)_2SO$,C_5D_5N 等。

溶液或液态样品经过滤除去灰尘或不溶性杂质后即可装入样品管,通常约需 0.5~1.0mL 样品溶液,样品管系由均匀薄壁玻管制成,外径为 5mm,内径为 4.8mm,长为 18cm,样品液在管中的高度应在 2.5cm 以上。

本实验测定样品为丁酮(液体),可直接注入样品管至 2.5~3.0cm 高,再加入 TMS 1~2 滴作为内标,摇匀后即可用于测定。

2. 谱的测定和记录

将试净的丁酮样品管小心插入核磁共振仪的探头中,然后进行操作条件的调节和选择:

(1)调节调谐探头,使指示表至最小或为零(表明探头调谐最佳)。
(2)调节样品管旋转速度(一般为 30~50 转/秒)。
(3)控制射频功率,调节信号相位、谱线幅度及基线位置。
(4)选择适当的扫描时间和扫描速度。
(5)寻找 TMS 信号,使信号在 0ppm 处。

调节完毕后,进行扫描并记录丁酮的核磁共振谱(见图 34)。然后开启积分器,在一次扫描记录积分谱(积分曲线)。

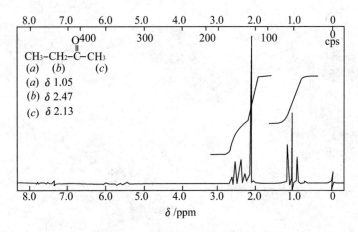

图 34 丁酮的核磁共振谱图

3. 谱的解析

从三个方面来解析丁酮的核磁共振谱:根据积分曲线确定分子中各种氢核的数目;由

各吸收峰的化学位移,推知每种氢核的化学环境;从自旋偶合引起的裂分峰数,判断相邻原子上的氢核数目。

【注　释】

核磁共振仪系大型精密仪器,具体使用、调节又随仪器型号而异,故一般由专业技术人员来测试学生样品的 NMR 谱。

【思考题】

1. 某化合物 $C_5H_{10}O$ 可能为醛或酮,用 NMR 谱能否区分?如何区分?
2. 某化合物的分子式为 $C_3H_5O_2Br$,其 NMR 谱有如下吸收峰:

　　　　δ1.73(3H)　　　二重峰
　　　　δ4.47(1H)　　　四重峰
　　　　δ11.2(1H)　　　单峰

试推定此化合物的结构式。

附录Ⅰ 常用元素的质量

元素名称		原子量	元素名称		原子量
银	Ag	107.868	碘	I	126.905
铝	Al	26.982	钾	K	39.098
溴	Br	79.904	镁	Mg	24.305
碳	C	12.011	锰	Mn	54.938
钙	Ca	40.078	氮	N	14.007
氯	Cl	35.453	钠	Na	22.990
铬	Cr	51.996	氧	O	15.999
铜	Cu	63.546	磷	P	30.974
氟	F	18.998	铅	Pb	207.200
铁	Fe	55.847	硫	S	32.066
氢	H	1.008	锡	Sn	118.710
汞	Hg	200.590	锌	Zn	65.390

附录 Ⅱ 常用酸、碱溶液相对密度及质量

盐 酸

HCl 的质量分数	相对密度 d_4^{20}	每 100mL 含 HCl 的克数	HCl 的质量分数	相对密度 d_4^{20}	每 100mL 含 HCl 的克数
1	1.0032	1.003	22	1.1083	24.38
2	1.0082	2.006	24	1.1187	26.85
4	1.0181	4.007	26	1.1290	29.35
6	1.0279	6.167	28	1.1392	31.90
8	1.0376	8.301	30	1.1492	34.48
10	1.0474	10.47	32	1.1593	37.10
12	1.0574	12.69	34	1.1691	39.75
14	1.0675	14.95	36	1.1789	42.44
16	1.0776	17.24	38	1.1885	45.16
18	1.0878	19.58	40	1.1980	47.92
20	1.0980	21.98			

硫 酸

H_2SO_4 的质量分数	相对密度 d_4^{20}	每 100mL 含 H_2SO_4 的克数	H_2SO_4 的质量分数	相对密度 d_4^{20}	每 100mL 含 H_2SO_4 的克数
1	1.0051	1.005	65	1.5533	101.0
2	1.0118	2.024	70	1.6105	112.7
3	1.0184	3.055	75	1.6692	125.2
4	1.0250	4.100	80	1.7272	138.2
5	1.0317	5.159	85	1.7786	151.2
10	1.0661	10.66	90	1.8144	163.3

续表

15	1.1020	16.53	91	1.8195	165.6
20	1.1394	22.79	92	1.8240	167.8
25	1.1783	29.46	93	1.8279	170.0
30	1.2185	36.56	94	1.8312	172.1
35	1.2579	44.10	95	1.8337	174.2
40	1.3028	52.11	96	1.8355	176.2
45	1.3476	60.64	97	1.8364	178.1
50	1.3951	69.76	98	1.8361	179.9
55	1.4453	79.49	99	1.8342	181.6
60	1.4983	89.90	100	1.8305	183.1

硝 酸

HNO_3的质量分数	相对密度 d_4^{20}	每100mL含HNO_3的克数	HNO_3的质量分数	相对密度 d_4^{20}	每100mL含HNO_3的克数
1	1.0036	1.004	65	1.3913	90.43
2	1.0091	2.018	70	1.4134	98.94
3	1.0146	3.044	75	1.4337	107.5
4	1.0201	4.080	80	1.4521	116.2
5	1.0256	5.128	85	1.4686	124.8
10	1.0543	10.54	90	1.4826	133.4
15	1.0842	16.26	91	1.4850	135.1
20	1.1150	22.30	92	1.4873	136.8
25	1.1469	28.67	93	1.4892	138.5
30	1.1800	35.40	94	1.4912	140.2
35	1.2140	42.49	95	1.4932	141.9
40	1.2463	49.85	96	1.4952	143.5
45	1.2783	57.52	97	1.4974	145.2
50	1.3100	65.50	98	1.5008	147.1
55	1.3393	73.66	99	1.5056	149.1
60	1.3667	82.00	100	1.5129	151.3

醋 酸

CH$_3$COOH 的质量分数	相对密度 d_4^{20}	每 100mL 含 CH$_3$COOH 的克数	CH$_3$COOH 的质量分数	相对密度 d_4^{20}	每 100mL 含 CH$_3$COOH 的克数
1	0.9996	0.9996	65	1.0666	69.33
2	1.0012	2.002	70	1.0685	74.80
3	1.0025	3.008	75	1.0696	80.22
4	1.0040	4.016	80	1.0700	85.60
5	1.0055	5.028	85	1.0689	90.86
10	1.0125	10.13	90	1.0661	95.95
15	1.0195	15.29	91	1.0652	96.93
20	1.0263	20.53	92	1.0643	97.92
25	1.0326	25.82	93	1.0632	98.88
30	1.0384	31.15	94	1.0619	99.82
35	1.0438	36.53	95	1.0605	100.7
40	1.0488	41.95	96	1.0588	101.6
45	1.0534	47.40	97	1.0570	102.5
50	1.0575	52.88	98	1.0549	103.4
55	1.0611	58.36	99	1.0524	104.2
60	1.0642	63.85	100	1.0498	105.0

氨 水

NH$_3$ 的质量分数	相对密度 d_4^{20}	每 100mL 含 NH$_3$ 的克数	NH$_3$ 的质量分数	相对密度 d_4^{20}	每 100mL 含 NH$_3$ 的克数
1	0.9939	9.94	16	0.9362	149.8
2	0.9895	19.79	18	0.9295	167.3
4	0.9811	39.24	20	0.9229	184.6
6	0.9730	58.38	22	0.9164	201.6
8	0.9651	77.21	24	0.9101	218.4
10	0.9575	95.75	26	0.9040	235.0
12	0.9501	114.0	28	0.8980	251.4
14	0.9430	132.0	30	0.8920	267.6

氢氧化钠

NaOH 的质量分数	相对密度 d_4^{20}	每 100mL 含 NaOH 的克数	NaOH 的质量分数	相对密度 d_4^{20}	每 100mL 含 NaOH 的克数
1	1.0095	1.010	26	1.2848	33.40
2	1.0207	2.014	28	1.3064	36.58
4	1.0428	4.171	30	1.3279	39.84
6	1.0648	6.389	32	1.3490	43.17
8	1.0869	8.695	34	1.3696	46.57
10	1.1089	11.09	36	1.3900	53.58
12	1.1309	13.57	38	1.4101	50.04
14	1.1530	16.14	40	1.4300	57.20
16	1.1751	18.80	42	1.4494	60.87
18	1.1972	21.55	44	1.4685	64.61
20	1.2191	24.38	46	1.4873	68.42
22	1.2411	27.30	48	1.5065	72.31
24	1.2629	30.31	50	1.1253	76.27

碳酸钠

Na_2CO_3 的质量分数	相对密度 d_4^{20}	每 100mL 含 Na_2CO_3 的克数	Na_2CO_3 的质量分数	相对密度 d_4^{20}	每 100mL 含 Na_2CO_3 的克数
1	1.0086	1.009	12	1.1244	13.49
2	1.0190	2.038	14	1.1463	16.05
4	1.0398	4.159	16	1.1682	18.50
6	1.0606	6.364	18	1.1905	21.33
8	1.0816	8.653	20	1.2132	24.26
10	1.1029	11.03			

附录Ⅲ 常用试剂的配制

1. 2%硝酸银—乙醇溶液

   称取2g硝酸银置于250mL锥形瓶中,加入100mL无水乙醇,使之溶解。

2. 硝酸铈铵溶液

   取90g硝酸铈铵溶于225mL 2mol/L温热的硝酸中即成。

3. 卢卡斯(Lucas)试剂

   将34g无水氯化锌在蒸发皿中强热熔融,稍冷后放在干燥器中冷至室温,取出捣碎,溶于23mL浓盐酸中(比重1.187)。配制时须加以搅动,并把容器放在冷水浴中冷却,以防氯化氢逸出。此试剂一般是现用现配。

4. 饱和溴水

   溶解15g溴化钾于100mL水中,加入10g溴,振荡即成。

5. 碘—碘化钾试液

   溶解20g碘化钾于100mL蒸馏水中,然后加入10g研细的碘粉,搅拌使其全溶呈深红色溶液。

6. 2,4-二硝基苯肼溶液

   将3g 2,4-二硝基苯肼溶于15mL浓硫酸中。另在70mL 95%乙醇中加入20mL水。然后把硫酸苯肼倒入稀乙醇溶液中,搅动混合均匀即成橙红色溶液(若有沉淀应过滤)。

7. 饱和亚硫酸氢钠溶液

   先配制40%亚硫酸氢钠水溶液,然后在每100mL 40%的亚硫酸氢钠水溶液中,加无水乙醇25mL,溶液呈透明清亮状。

   由于亚硫酸氢钠久置后易失去二氧化硫而变质,所以上述溶液也可按下法配制:将研细的碳酸钠晶体($Na_2CO_3 \cdot 10H_2O$)与水混合,水的用量使粉末上只覆盖一薄层水为宜。然后在混合物中通入二氧化硫气体,至碳酸钠近乎完全溶解,或将二氧化硫通入1份碳酸钠与3份水的混合物中,至碳酸钠完全溶解为止。配制好后密封放置,但不可放置太久,最好是现用现配。

8. 斐林(Fehling)试剂

   斐林试剂由斐林A试剂和斐林B组成,使用时将二者等体积混合,其配法分别是:

   斐林A:将3.5g含有五结晶水的硫酸铜溶于100mL的水中即得淡蓝色的斐林A试剂。

   斐林B:将17g五结晶水的酒石酸钾钠溶于20mL热水中,然后加入含有5g氢氧化钠的水溶液20mL,稀释至100mL即得无色清亮的斐林B试剂。

9. 班乃德(Benedict)试剂

把 4.3g 研细的硫酸铜溶于 25mL 热水中,待冷却后用水稀释到 40mL。另把 43g 柠檬酸钠及 25g 无水碳酸钠(若用有结晶水碳酸钠,则取量应按比例计算)溶于 150mL 水中,加热溶解,待溶液冷却后,再加入上面所配的硫酸铜溶液,加水稀释至 250mL。将试剂贮于试剂瓶中,瓶口用橡皮塞塞紧。

10. 盐酸苯肼试剂

将 2.5g 盐酸苯肼溶于 50mL 水中(如溶解不完全,可稍加热),加入 9g 乙酸钠($CH_3COONa \cdot 3H_2O$),保持 pH4~6。若有颜色,可加活性炭少许脱色,过滤后,把滤液保存在棕色瓶中。该试剂久置变质,故不宜存放。

11. 碘化铋钾试剂

取次硝酸铋 0.85g,加冰醋酸 10mL 与水 40mL 溶解后,加碘化钾溶液(4→10) 20mL,摇匀,即得。

12. 碘化钾淀粉试纸

将 3g 可溶性淀粉加入 25mL 水中,搅拌均匀,然后加入到 225mL 沸水中,再加入 1g 碘化钾及 1g 碳酸钠,加水稀释至 500mL。将滤纸用此溶液浸湿,晾干后即可使用。

13. 1% 淀粉溶液

将 1g 可溶性淀粉溶于 5mL 冷蒸馏水中,用力搅成稀浆状,然后倒入 94mL 沸水,即得近于透明的胶体溶液,放冷使用。

14. 三氯化铁试剂

取三氯化铁 9g,加水使溶解成 100mL 溶液,即得。

15. 间-苯二酚盐酸试剂

取 0.05g 间-苯二酚溶于 50mL 浓盐酸中,再用蒸馏水稀释至 100mL,即得。

16. 均-苯三酚试剂

取均-苯三酚 0.5g,加乙醇溶解成 25mL 溶液,即得。

17. 茚三酮试剂

取茚三酮 2g,加乙醇使溶解成 100mL 溶液,即得。

18. 碱性 β-萘酚试剂

取 β-萘酚 0.25g,加氢氧化钠溶液(1→10)10mL 使溶解,即得。本液应现用现配。

19. α-萘酚试液

将 2g α-萘酚溶于 20mL 95% 乙醇中,用 95% 乙醇稀释至 100mL,贮于棕色瓶中。一般是现用现配。

20. 醋酸铅试剂

取醋酸铅 10g,加新沸过的冷水溶解后,滴加醋酸使溶液澄清,再加新沸过的冷水使成 100mL。

21. 品红亚硫酸(Schiff)试剂

取碱式品红(即品红盐酸盐)0.2g,溶于含 2mL 浓盐酸的 200mL 蒸馏水中,再加 2g 亚硫酸氢钠,搅拌后静置过滤,至红色褪去。如果溶液最后仍呈黄色则加入 0.5g 活性炭搅拌过滤,贮于棕色瓶中。

附录Ⅳ 常见有机化合物理化性质

1. 甲醇 CH_3OH

又称木醇。系无色易燃极易挥发液体,具有微弱的酒精气味。分子量 32.04,D_4^{20} 0.792,mp -97.8℃,bp. 64.5℃,与水、醇、醚、酮、酯及大多数有机溶剂混溶。

甲醇在体内氧化生成甲醛、甲酸,甲醛可能对视网膜细胞具有特殊的毒性作用,甲酸则可导致酸中毒。

2. 乙醇 CH_3CH_2OH

又称酒精,系无色易燃易挥发液体。分子量 46.07,D_4^{20} 0.661,mp. -177.3℃,bp. 78.3℃,n_D^{20} 1.3610,能与水、丙酮、乙醚、苯及大多数有机溶剂任意混合。常作为溶剂及化学工业重要原料。

大量饮用能使中枢神经麻痹,运动反射麻痹。

3. 正丁醇 $CH_3CH_2CH_2CH_2OH$

无色有酒味的液体。分子量 74.12,D_4^{20} 0.8098,mp. -79.9℃,bp. 117.7℃,n_D^{20} 1.3974^{25}

能与乙醇、乙醚任意混溶,溶解度为 9g/100 克水(15℃)。常作为溶剂配制展开剂。

4. 乙二醇 $HOCH_2CH_2OH$

无色有甜味黏稠液体,分子量 62.06,D_4^{20} 1.1132,mp -12.6℃,bp. 92℃,n_D^{20} 1.4319,能与水、乙醇、丙酮任意混合,乙醚中微溶。

有毒性,能引起恶心及呕吐,大量时引起昏迷和抽搐。

5. 丙三醇 $HOCH_2CH(OH)CH_2OH$

又称甘油,为无色黏稠液体,分子量 92.09,D_4^{20} 1.2613,mp 17.9℃,bp. 290℃,n_D^{20} 1.4729,能与水、乙醇任意混溶,不溶于苯、乙醚、氯仿等溶剂。常作药剂中的溶剂,对皮肤有刺激作用,是天然油脂中的成分之一。

6. 苯甲醇 $C_6H_5CH_2OH$

又名苄醇,为无色有芳香气味液体。分子量 108.13,D_4^{20} 1.419,,bp. 205℃,n_D^{20} 1.5396,能与水、乙醇、乙醚混溶。

具有微弱的麻醉作用以及防腐功能,可制注射用的无痛水。

7. 丙酮 CH_3COCH_3

为无色透明易燃易挥发液体,有特殊的辛辣气味。分子量 58.08,D_4^{20} 0.7898,mp -94.6℃,bp. 56.5℃,n_D^{20} 1.3592,易溶于水、醚、氯仿、醇和吡啶等有机溶剂。常作溶剂使用。

大量吸入产生毒性反应。

8. 丁酮 $CH_3COCH_2CH_3$

又名甲基乙基酮。无色透明有丙酮味液体。分子量 72.10，D_4^{20} 0.8049，mp －85.9℃，bp. 79.6℃，n_D^{20} 1.3788，与乙醇、乙醚、苯任意混溶。溶解度为 37 克/100 克水。常用作反应原料及溶剂。

9. 苯乙酮 $C_6H_5COCH_3$

又名乙酰苯，无色晶体或浅黄色油状液体。分子量 120，D_4^{20} 1.0281，mp 20.5℃，bp. 202℃，n_D^{20} 1.5372，溶于乙醇、乙醚，微溶于水。常用作反应原料。

10. 二苯酮 $C_6H_5COC_6H_5$

无色粒状结晶。分子量 182.21，mp 70℃～71℃，bp. 314℃，不溶于水，溶于氯仿、乙醚，微溶于乙醇。常用作反应原料。

11. 乙醚 $CH_3CH_2OCH_2CH_3$

无色易挥发易燃有芳香味的液体。分子量 74.12，D_4^{20} 0.7147，bp. 34.5℃，溶于乙醇、苯、氯仿，微溶于水。是应用广泛的有机溶剂，也是外科手术常用的全身麻醉剂。

12. 四氢呋喃

无色透明有乙醚味的液体。分子量 72.10，D_4^{20} 0.8892，mp. －65℃，bp. 65℃，n_D^{20} 1.4071，与乙醚、乙醇及水相溶。常用作格氏反应的溶剂。

13. 石油醚

是石油的低沸点馏分，为低级烷烃的混合物，按沸点分为 30℃～60℃，60℃～90℃，不溶于水，能溶于丙酮、乙醚、苯、氯仿等有机溶剂。常用作溶剂，毒性低，大量吸入有麻醉症状。

14. 二氯甲烷 CH_2Cl_2

无色挥发性液体。具有像酯一样的刺激气味。分子量 84.94，1.335，bp. 40.1℃。溶于乙醇和酯类，微溶于水。常用作不燃性溶剂。

有麻醉作用，并损害神经系统。

15. 三氯甲烷 $CHCl_3$

又称氯仿。无色透明、具有特殊香甜气味的挥发性液体。分子量 119.39，D_4^{20} 1.485，bp. 61.2℃，n_D^{20} 1.4422，易与乙醇、乙醚、苯等溶剂及挥发油混合，微溶于水。不易燃烧。常用作有机合成原料及萃取剂。

有毒性，作用于中枢神经系统，具有麻醉作用，并可造成肝、心、肾损害。

16. 四氯甲烷 CCl_4

又名四氯化碳，无色液体，具有甜味和特殊的芳香味。分子量 153.84，D_4^{20} 1.585，mp. －23℃，bp. 76.7℃，n_D^{20} 1.4630。易溶于乙醇、乙醚、氯仿、苯，不溶于水。不能燃烧。常用作溶剂，灭火剂。

17. 溴代正丁烷 $CH_3CH_2CH_2CH_2Br$

又名 1-溴丁烷，无色液体。分子量 137.03，D_4^{20} 1.277，mp. －112.4℃，bp. 101.6℃，n_D^{20} 1.4398，能与乙醚、乙醇任意混溶，不溶于水。常用作合成中反应原料。

18. 二氯乙烷 $ClCH_2CH_2Cl$

无色或浅黄色的透明液体,易挥发,具有氯仿气味。分子量 98.97, mp. $-35.3℃$, bp. $83.5℃$,易溶于乙醇、乙醚、汽油等有机溶剂。加热后易分解,产生光气。农业上用于粮食、谷物熏蒸剂和土壤消毒剂。

有毒性,轻度时有中枢神经系统的麻醉状态,重度时有中枢神经系统的抑制症状。

19. 氯乙烷 CH_3CH_2Cl

常温常压下为气体,有甜味,极易液化。分子量 64.52, 0.9214, bp. $12.5℃$。工业上用于制造制冷剂、防爆剂。

医学上用作小型外科手术时的局部麻醉剂。

20. 乙酸乙酯 $CH_3COOCH_2CH_3$

又名醋酸乙酯。具有芳香气味的无色液体。分子量 80.01, D_4^{25} 0.8945, bp. $77℃$, n_D^{20} 1.3720,溶于氯仿、乙醇、乙醚,微溶于水。常用作溶剂及制造药物、香料的原料。

21. 乙酸丁酯 $CH_3COOCH_2CH_2CH_3$

无色,具有水果香味液体。分子量 116.16, D_4^{20} 0.8826, bp. $126.3℃$, N_D^{20} 1.3591,易溶于乙醇、乙醚 及烃类,微溶于水。是良好的有机溶剂,广泛用于药物、塑料、香料工业中。

22. 甲酸乙酯 $HCOOC_2H_5$

无色透明不稳定的液体,具有愉快的芳香气味。分子量 74.08, mp. $-80.5℃$, bp. $54.3℃$, n_D^{20} 1.3598,可与苯、醚、乙醇混溶,微溶于水,并逐渐分解。常用作溶剂、食品、香烟、谷类、干燥果品的杀菌剂及有机合成中原料。对眼、鼻有刺激作用。

23. 乙酸 CH_3COOH

又名醋酸,无水时称冰醋酸(冰乙酸)。无色透明,有刺激性气味的液体。分子量 60.05, D_4^{20} 1.0492, mp. $16.6℃$, bp. $118℃$, n_D^{20} 1.3698,与水、乙醇、甘油和乙醚互溶。是制药、染料、农业、医药及其他有机合成的重要原料。是食醋的主要成分。

对人体有腐蚀性及刺激性。

24. 甲酸 $HCOOH$

又名蚁酸,无色发烟易燃液体,有刺激性臭味。分子量 46.03, D_4^{20} 1.2201, mp. $8.3℃$, bp. $100.8℃$, n_D^{20} 1.3714,溶于水、乙醇、乙醚。是重要的有机化工原料之一,广泛用于医药、农药、皮革、染料、橡胶工业中。

可经皮肤吸收,对皮肤、黏膜有刺激作用。

25. 硬脂酸 $CH_3(CH_2)_{16}COOH$

带有光泽的白色柔软小片,可燃烧。分子量 284, D_4^{20} 0.8390, mp. $69.6℃$, bp. $361℃$, n_D^{20} 1.4299,溶于丙酮、苯、乙醚、氯仿等,稍溶于冷乙醇,热时易溶。不溶于水。本品应用十分广泛。无毒性。

26. 苯甲酸 C_6H_5COOH

又名安息香酸。鳞片状或针状结晶,具有苯或甲醛的臭味,易燃。显酸性。分子量 122.12, D_4^{15} 1.2659, mp. $122℃$, bp. $249℃$,在 $100℃$ 时升华。溶于乙醇、乙醚、氯仿、苯等,微溶于水。本品及其钠盐是食品中重要的防腐剂,也是制药和染料工业的中间体。对人体无毒害。

27. 水杨酸 o-HOC_6H_4COOH

又名邻羟基苯甲酸。白色针状结晶或结晶性粉末,有辛辣味,易燃。在空气中稳定,但遇光渐渐改变颜色。分子量 138.12,D_4^{20} 1.443,mp. 158℃～160℃,bp. 211℃,在 76℃时升华。溶于丙酮、乙醇、乙醚、苯和氯仿,微溶于水。水溶液呈酸性。用于制造药品、食品及香料,也可用作消毒防腐剂。

刺激皮肤、黏膜。毒性较低。因能与肌体组织中的蛋白质发生反应而有腐蚀作用。

28. 对甲苯磺酸 p-$CH_3C_6H_4SO_2OH$

无色单斜片状或棱状结晶体,可燃,分子量 172,mp. 107℃,bp. 140℃,易溶于醇和醚,微溶于水和热苯。用于医药、农药、染料化学和洗涤剂等工业。

具有中等毒性,刺激皮肤、眼睛和黏膜。其钠盐无毒。

29. 乙酰水杨酸 p-$CH_3COOC_6H_4COOH$

又名阿司匹林。白色针状或片状晶体。分子量 180.15,mp. 135℃～137℃,易溶于乙醇、乙醚、氯仿中。溶解度为 1.37 克/100 克水。

本品为解热镇痛药。

30. 甘氨酸 H_2NCH_2COOH

又名乙氨酸,氨基醋酸。单斜棱晶体。味甜,在石蕊中略显酸性。分子量 75.07,D_4^{20} 1.1607,mp. 233℃(分解),bp. 289℃～290℃(分解),溶于水及吡啶中,几乎不溶于醚。用于有机合成,医药制造。无毒性。

31. DL-苯丙氨酸 $C_6H_5CH_2CH(NH_2)COOH$

本品为 D,L 型苯丙氨酸的混合物。为无色单斜叶片或柱状结晶,味甜,在真空中升华。mp. 271℃～273℃(分解),无旋光性。溶于水,极微溶于甲醇和乙醇。用于医药及有机合成,无毒性。

32. 对氨基苯甲酸 p-$H_2NC_6H_4COOH$

为单斜棱晶体。分子量 137.13,mp. 187℃,溶于乙酸乙酯,微溶于苯,不溶于石油醚,每克溶于 170mL 冷水,90mL 乙醇。乙酰化衍生物 mp. 155℃。用于医药的合成。本身有重要的生理活性。

33. 草酸 HOOCCOOH

又名乙二酸,无色晶体。分子量 90,mp. 189℃,强热 150℃以上就开始分解。常含两个结晶水,此时为无色透明单斜片状晶体,mp. 101℃～102℃(释放出结晶水),并开始升华。溶于水,不溶于苯及氯仿中。用于制造抗菌素和冰片等药物,也可用作提炼稀有金属的溶剂等。

本品有毒。对皮肤、黏膜有刺激及腐蚀作用,极易经皮表、黏膜吸收,而且因其可以从血液中除去钙离子,会引起心脏循环器官障碍,而使肾脏梗塞成为尿毒症。

34. 苯 C_6H_6

无色至淡黄色,易挥发,非极性液体,具有高折射性和强烈芳香性,易燃,分子量 78,D_4^{20} 0.8790,mp. 5.5℃(分解),bp. 80.1℃,n_D^{20} 1.5011。与乙醇、乙醚、丙酮、四氯化碳、醋酸相混溶,微溶于水。是重要的基本化工原料。实验室常作为溶剂使用。

本品有毒,对皮肤和黏膜有局部刺激作用,吸入或皮肤吸收可引起中毒。

35. 甲苯 $CH_3C_6H_5$

无色液体,有类似苯的气味,可燃。分子量 92,D_4^{25}0.866, mp. −94.5℃(分解),bp. 110.7℃,n_D^{20}1.497,溶于乙醇、苯及乙醚,不溶于水。是基本的化工原料之一。实验室常用其作溶剂及反应原料。毒性类似于苯。

36. 氯苯 C_6H_5Cl

无色透明、挥发性、易燃有杏仁味的液体。分子量 112.56,mp. −45,bp. 131.6℃,n_D^{25}1.5216,可溶于大多数有机溶剂,不溶于水。氯苯是染料、医药、有机合成的中间体。

具有中等毒性,对皮肤、黏膜和上呼吸道有刺激作用,抑制中枢神经系统,具有麻醉作用,对肝脏、肾脏及造血系统有不良影响。

37. 硝基苯 $C_6H_5NO_2$

黄绿色晶体或黄色油状液体,易燃。分子量 123,D_4^{20}1.9867,mp. 5.7,bp. 210.8℃,溶于乙醇、乙醚和苯,微溶于水。为重要的化工原料,是多种医药和染料中间体。

本品剧毒,口服 15 滴即可致死。

38. 苯酚 C_6H_5OH

又名石炭酸,无色针状结晶或白色结晶熔块。可燃,腐蚀性强。若不纯或在光及空气的作用下可变为淡红色甚至红色,有特殊气味。分子量 94.11,D_4^{20}1.07,mp. 41.8℃,bp. 182℃,溶于水、乙醇、乙醚、氯仿、乙二醇及碱液中,不溶于碳酸氢钠水溶液及石油醚中。

医药上用作消毒液配制,3‰~5‰的水溶液用于外科手术用具的消毒。也是制药、塑料、染料的原料。

39. 间-甲酚 $m-CH_3C_6H_4OH$

无色至黄色的可燃液体,有苯酚气味。分子量 108.13,D_4^{20}1.034, mp. 12℃,bp. 203℃,溶于水、乙醇、乙醚和氯仿。间甲酚是电影胶片的重要原料。

本品有毒,主要作用于中枢神经,严重时甚至可以致死。

40. 邻-甲酚 $o-CH_3C_6H_4OH$

白色结晶,有苯酚气味,可燃。分子量 108.13,D_4^{20} 1.047, mp. 31℃,bp. 191℃。可溶于乙醇、乙醚、氯仿及热水。在医药上可用作消毒剂,也可用于制造农药、香料等。

有毒性,与间甲酚类似。

41. 对-甲酚 $p-CH_3C_6H_4OH$

无色结晶块状物,有苯酚气味,可燃。分子量 108.13,D_4^{20}1.03, mp. 35.2℃,bp. 202℃。溶于乙醇、乙醚、氯仿及热水。在医药上用作消毒剂。

毒性同间甲酚。

42. 间-苯二酚 $m-HOC_6H_4OH$

白色针状结晶。不纯品暴露于空气中能变粉红色,有甜味,可燃。分子量 110, 1.2727, mp. 110℃,bp. 281℃。溶于水、乙醇、戊醇、乙醚、乙二醇及苯中,微溶于氯仿。是医药、化工原料。具有中等毒性,能刺激皮肤、黏膜,同时可经皮肤迅速吸收,生成高铁血红蛋白引起发绀、昏睡和致命的肾脏损伤。

43. 2,4-二氯苯酚 $C_6H_3Cl_2OH$

白色固体,有酚臭,易燃。分子量 165.11, mp. 45℃,bp. 210℃,溶于乙醇和四氯化碳,微溶于水。主要用于合成农药及医药。

本品易挥发,腐蚀性强,能灼烧皮肤,刺激眼睛和皮肤。中毒严重时,可产生贫血和各种神经系统症状。

44. 对羟基苯甲醛 p-HOC$_6$H$_4$CHO

本品为针状结晶。分子量 122.12,mp. 116℃~117℃,微溶于冷水和苯,能与醇、醚混合,与苯肼生成腙,mp. 184℃。本品用于药物及香料的合成。

45. 二乙胺 (CH$_3$CH$_2$)$_2$NH

无色易挥发液体,有氨臭味,呈强碱性。分子量 73,0.D$_4^{20}$7062,mp. -49.8℃,bp. 55.5℃,能与水、乙醇和多数有机溶剂混溶。常用作溶剂和化工原料中间体。

本品有毒,能刺激皮肤和黏膜。

46. 对甲苯胺 p-CH$_3$C$_6$H$_4$NH$_2$

白色有光泽片状结晶体,可燃。分子量 107,D$_4^{20}$1.046,mp. 45℃,bp. 200.3℃,微溶于水,溶于乙醚、乙醇和二硫化碳。溶于稀无机酸生成盐,衍生物乙酰化物 mp. 147℃。本品为染料中间体及合成药物的原料。

本品剧毒,与苯胺相同,吸入蒸气或经皮肤吸收会引起中毒,生成高铁血红蛋白,引起神经障碍及致癌作用。

47. 对硝基苯胺 p-O$_2$NC$_6$H$_4$NH$_2$

黄色针状结晶体,可燃。分子量 124,D$_4^{20}$1.437,mp. 148℃,微溶于冷水,溶于沸水、乙醇、乙醚、苯和酸溶液中。主要用于制造农药、兽药和有机染料。

本品高毒,比苯胺更强的血液中毒。少量时,也生成大量高铁血红蛋白,并损害肝脏。

48. 苯胺 C$_6$H$_5$NH$_2$

无色油状易燃液体,有强烈气味。暴露于空气中或日光下易分解变成棕色。有碱性,能与盐酸化合成盐酸盐,与硫酸化合成硫酸盐。分子量 93,D$_4^{20}$1.0235,mp. -6.2℃,bp. 184.4℃,n$_D^{20}$1.5863,溶于水、醇、乙醚和苯。是合成医药、橡胶促进剂、防老剂的重要原料。

49. 乙酰苯胺 C$_6$H$_5$NHCOCH$_3$

又名退热冰。白色有光泽片状结晶或白色结晶粉末。微有碱味,无臭,在空气中稳定,呈中性。分子量 135.16,D$_4^{20}$1.2105,mp. 114℃~116℃,bp. 303.8℃,微溶于冷水,溶于热水、乙醇、乙醚、氯仿、丙酮、苯等。本品是制造磺胺类药物的原料,可用作止痛剂和防腐剂。

乙酰苯胺由呼吸和消化系统进入体内,能抑制中枢神经系统和心血管系统。

50. 磺胺 p-NH$_2$C$_6$H$_4$SO$_2$NH$_2$

又名对氨基苯磺酰胺。白色片状结晶,味微苦,分子量 172.2,mp. 164.5℃~165.5℃,易溶于沸水、甘油、盐酸、氢氧化钾及氢氧化钠溶液中,不溶于氯仿、乙醚、苯、石油醚。本品是合成磺胺类药物之重要中间体,可以合成其他磺胺药物如磺胺脒、磺胺甲氧嗪、磺胺甲基嘧啶等,也用来制取磺胺供外用消炎。

附录Ⅴ 有机化学的文献资料

有机化学的文献资料非常丰富,现作简单介绍:
一、工具书
1. The Merk Index（默克索引）

本书第一版是 1889 年出版的,此后差不多每 10 年修改一次,现已见到第十三版,最早为 Merk 公司的药品目录,经多次改进,现已成为一本化学药品、药物和生理活性的综合性百科全书。条目包括化合物的各种名称、商品代号、化学结构式、来源、各种物理常数、性质、用途、毒性及参考文献等。书后有分子式索引、主题索引、名称交叉索引和本书包括的各化合物的美国化学文摘登录号,以便于计算机检索资料。

2. Handbook of Chemistry and Physics（化学及物理手册）66th. ed. (1985～1986)

本手册是美国橡胶公司(CRC)出版的英文版的物理及化学手册,内容丰富。自 1913 年开始出版,以后每年修订一次,追踪科学的飞速发展而不断使内容更新。前 50 版各分上、下两册,自 51 版开始合为一册。较新的版本封面上有 CRC 标记（Chemical Rubber Company）现已见到1989 年出版的第 70 版。手册分六大部分:

A. 数学用表:包括数学基本公式、对数表、度量衡的换算等;
B. 元素及无机化合物;
C. 有机化合物;
D. 普通化学:包括恒沸点混合物、热力学常数、缓冲溶液的 pH 值等;
E. 普通物理常数;
F. 其他。

其中 C 部篇幅最大,它首先介绍了有机化合物的 IUPAC 命名法,随后是"有机化合物物理常数"表,表中列举化合物的名称、别名、分子式、分子量、性状及比旋光度、折射率、熔点、沸点、密度、溶解度等重要物理常数。较新版本还列出最大紫外吸收和参考文献。各版本收集的化合物数量不等,第 70 版收集有机化合物 15 000 余种。由于不断校正,一般认为它所列的物理常数反映了最新的或最准确的测定结果。

3. Ivan Heilbron, Dictionary of Organic Compounds（有机化合物词典）5th. ed. (1982)

初版共 3 卷,于 1934～1937 年间陆续出版,第四次修订本于 1965 年出版,共 5 卷。1967,1968 年又先后出版过补充本,至 1979 年已出版第 15 补编。1971 年和出版了第四版（最新版）的分子式索引。该书内容有结构式、分子量、来源、物理及化学性质、衍生物及熔点数据等,并附有制法的参考文献。该书有中译本称为《汉译海氏有机化合物辞典》,中译本仍按化合物英文名称的字母顺序排列,在英文名称后附有中文名称。

4. Beilstein's Handbuch der Organischen Chemie(简称 Beilstein 拜尔斯坦)。

这是目前有机化学方面资料收集的最为齐全的有机化学丛书,由拜尔斯坦主编。初版于1883年,截至1976年初,仅第四版就出了150册,第四版情况如下:

编名	代号	卷数	出版年份/年限	收录文献期
正编(Hauptwerk)	H	1—31	1918—1937	—1909
第一补编(Erstes Erganzungswerk)	E I	1—27	1928—1938	1910—1919
第二补编(Zweites Erganzungswerk)	E II	1—29	1941—1957	1920—1929
第三补编(Drlttes Erganzungswerk)	E III	1—	1958—	1930—1949
第四补编(Viertes Erganzungswerk)	E IV	1—	1972—	1950—1959

在第29卷中载有主编以及第一、第二补编的分子式索引(Formelregister)。只要参阅这本索引就可知道某个有机化合物在1929年以前是否合成过。第三、第四补编虽然文献收集到1959年底,但目前尚未出齐,因此检索1920年以后文献中所报道的有机化合物,最好还应用其他资料,因为许多化合物在本书内找不到。Beilstein原用德文出版,从第五补编开始该用英文,这套丛书有严格的编排原则。

5. Lange's Handbook of Chemistry, twelfth ed., 1979

本书由McGraw-Hill图书公司出版,译名为《兰格化学手册》,俗称《兰格手册》。内容分为11部分,其中第7部分为有机化学部分。收集有机化合物6500余种,以表格形式列出其名称、别名、分子式、拜尔斯坦文献、式量、晶形和颜色、密度、熔点、沸点和溶解度。化合物按英文名称顺序排列,表前有"有机环系"、"有机基团的名称和式子"、"分子式索引"即"熔点"索引,以方便查阅。其第10部分为"物理性质"部分,也可供有机化学实验工作者参考。

6. 试剂手册,上海科学技术出版社,1963年

该手册由上海化学试剂采购供应站编著,收集常用化学试剂4000余种,此外还有生物染色剂及指示剂、试纸及试液等。每种试剂有中英文名称、分子式、结构式、物理化学性质、用途和储运注意事项,对最常用的还列出了参考规格,书后附有中文笔画索引和英文名称索引。

7. Organic Syntheses(New York Willey)

这是一套叙述有机化合物合成方法的参考书,始版于1921年,每年出版一卷,每十卷合为一集。1976年出版了第Ⅰ~Ⅴ集的累积索引,以方便查阅。其前三级已有中文译本。到1992年为70卷,每卷发表数十种化合物的合成方法,每一合成方法包括:反应式、制法、性质及其他合成方法的讨论等项内容。

8. 实用有机化学手册 李述文、范如霖编译,上海科学技术出版社(1982)

本书共分六大部分:实验技术导论,一般原理,有机制备,有机物质的鉴定,重要试剂,溶剂和辅助试剂,实验安全指南。重点是有机制备部分。

9. 化工辞典,化学工业出版社,1979年12月第二版

该辞典收集了化学化工名词10500余条,对所列出的无机和有机化合物给出了分子式、结构式、基本的物理化学性质,并着重从化工原料的角度,扼要叙述其制法和用途。书前有中文笔画顺序的目录和汉语拼音检字表。

10. Aldrich

这是一本由美国Aldrich化学试剂公司出版的化学试剂目录,共收录1.8万余种化合物。内容包括分子式(较复杂者附有结构式)、相对分子质量、熔点、沸点、折光率等,并给出了该化合物的红外光谱图及核磁共振图的出处和不同包装的价格,书末附有分子式索引。该书每年出一新版,书中附有回执,Aldrich公司可为每一位填写了回执的读者免费寄送该书。

二、期刊杂志

1. 中文期刊:中文期刊与化学有关的非常多,重要的有:《中国科学》、《化学学报》、《化学通报》、《高等学校化学学报》、《有机化学》、《大学化学》等。

2. 英文期刊:英文期刊与化学有关的非常多,重要的有:

Journal of the Chemical Society (Perkin Transactions);

Journal of American Chemical Society;

Journal of Organic Chemistry;

Chemical Reviews,Tetrahedron,Journal of Chemical Education 等。

三、化学文摘

化学文摘是将大量的、分散的各种文献加以收集、摘录、分类整理而出版的一种期刊。在众多的文献性刊物中以美国化学文摘(Chemical Abstracts,简称CA)最重要。CA创刊于1907年,现在每年出两卷,每周一期。CA的索引系统比较完善,有期索引、卷索引、每十卷有累积索引。卷索引和累积索引主要有分子式索引(Formula Index)、化学物质索引(Chemical Substance Index)、普通主题索引(General Subject Index)、作者索引(Author Index)、专利索引(Patent Index)等。

四、网上资源

由于互联网技术的迅速发展,从网上查找有关资料变得非常便捷。从网上获取化学信息的途径很多,这里作简单的介绍。

1. 网上图书馆:互联网上的图书馆是获取图书、杂志资料的重要途径之一。重要的我国网上图书馆有:

中国国家图书馆:http://www.nlc.gov.cn;

清华大学图书馆:http://www.lib.tsinghua.edu.cn;

北京大学图书馆:http://www.lib.pku.edu.cn/chtml;

2. 中国期刊网:http://www.chinajournal.net.cn;

中文科技期刊数据库:http://www.cqvip.com;

3. 专利文献:IBM Intellectual Property Network:http://www.patents.ibm.com;

中国专利信息网:http://patent.com.cn;

中国专利网:http://cnpatent..com;

4. 数据库资源:有关化学信息数据库中,化学结构数据库占有很高的比例,但也不乏

一些范围较小的专业数据库,例如:

有机化合物数据库:http://www.colby.edu/chemistry/cmp/cmp.html;

化合物基本性质数据库:http://www.chemfinder.camsoft.com/;

网络中有些资源可免费查阅,而有些资源的使用则需收费。

http://www.acs.org/（美国化学会）

http://www.ccs.cn/（中国化学会）

http://www.chemsoc.org/（英国皇家化学会）

http://www.csir.org/（Chemistry Software and Information Resources）

http://www.organicchem.com/（有机化学网）

http://www.reagent.com.cn/（中国试剂网）

http://www.chemonline.net/（化学之门）

附录Ⅵ 一些常用术语的中英文对照

A

无水乙醇	Absolute alcohol
绝对构型	Absolute configuration
乙酐	Acetic anhydride
尾接管（牛角管）	Adapter
加成反应	Addition reaction
醛	Aldehyde
混合	Admix
乙酰化作用	Acetylation
吸附剂	Adsorbent
吸附能力	Adsorptive capacity
吸附分离	Adsorptive separation
空气冷凝器	Aerial condenser
乙醇	Alcohol
酒精灯	Alcohol lamp
生物碱	Alkaloid
氨基酸	Amino acid
分析	Analysis
烷烃	Alkane
芳香烃	Aromatic hydrocarbon
仪器	Apparatus
反向合成	Antithetic synthesis
不对称碳原子	Asymmetric carbon
常压蒸馏	Atmospheric distillation
常温	Atmospheric temperature

B

| 烘箱 | Baking oven |
| 烧杯 | Beaker |

苯甲酸	Benzoic acid
溴水	Bromine water
沸石	Boiling chip
沸点	Boiling point
缓冲溶液	Buffer solution

C

咖啡因	Caffeine
毛细管	Capillary tube
四氯化碳	Carbon terachloride
羧酸	Carboxylic acid
氯仿	Chloroform
催化剂	Catalyst
摄氏温度	Centigrade degree
层析槽	Chromatography tank
顺反异构	Cis-trans isomer
洗液	Cleaning solution
柱层析	Column chromatography
组成	Component
构象	Conformation
冷凝器	Condenser
常数	Constant
冷却水	Cooling water
木塞	Cork
结晶	Crystal

D

减压	Decompression
分解	Decompose
衍生物	Derivative
设计	Design
测定	Determination
展开	Developing
蒸馏	Distillation
蒸馏瓶	Distillation flask
减压蒸馏	Distillation at reduced pressure
溶解	Dissolve
双键	Double bond

| 滴管 | Drip tube |
| 干燥剂 | Drying agent |

E

洗脱	Elution
对映体	Enantiomer
蒸发	Evaporation
蒸发皿	Evaporating dish
萃取	Extraction

F

烧瓶	flask
滤液	Filter liquor
滤纸	Filter paper
过滤	Filtration
凝固	freeze
漏斗	Funnel

G

| 几何异构 | Geometrical isomerism |
| 甘油 | Glycerol |

H

加热套	Heating mantle
加热回流	Heating under reflux
热水浴	Hot water bath
烃	Hydrocarbon

I

冰浴	Ice bath
鉴别	Identification
杂质	Impurity
碘仿反应	Iodoform reaction
铁架台	Iron stand
折光率	Index of refraction

K

酮	Ketone

L

流动相	Liquid phase
液体石蜡	Liquid paraffin
石蕊试纸	Litmus paper

M

熔点距	Melting point range
熔化	Melt
介质	Medium
微量测定	Micro determination

N

α-萘酚	α-naphthol

O

油浴	Oil bath
光学活性	Optical activity
常压	Ordinary pressure
有机酸	Organic acid
有机化学	Organic chemistry
有机化合物	Organic compound
有机合成	Organic synthesis
氧化	Oxidation

P

纸层析	Paper chromatography
酚	Phenol
旋光测定	Polarimetry
预热	Preliminary heating
提纯、精制	Purification
性质、性能	Property
制备	Preparation
产物	Product

R

外消旋体	Racemic mixture
试纸	Reagent paper
接受器	Receptor
回流冷凝器	Reflux condenser
橡皮圈	Rubber band
还原	Reduction
反应物	Reactant
反应	Reaction

S

水杨酸	Salicylic acid
样品	Sample
使饱和	Saturated
银镜反应	Silver mirror reaction
硅胶	Silica gel
立体异构	Spatial isomerism
比旋光度	Specific rotation
溶解度	Solubility
溶质	Solute
溶液	Solution
溶剂	Solvent
水蒸气蒸馏	Steam distillation
搅拌	Stir
升华	Sublimation
取代反应	Substitution reaction
对称平面	Symmetry plan
分液漏斗	Separatory funnel

T

酒石酸	Tartaric acid
薄层层析	Thin layer chromatography
薄层板	Thin layer plate
甲苯	Toluene
温度计	Thermometer
叁键	Triple bond

U

尿素（脲）　　　　　　　　　　　　　Urea

V

真空过滤　　　　　　　　　　　　　Vacuum filtration
真空蒸馏　　　　　　　　　　　　　Vacuum distillation
容量瓶　　　　　　　　　　　　　　Volumetric flash

W

玻璃表面皿　　　　　　　　　　　　Watch glass
水浴　　　　　　　　　　　　　　　Water bath

参考文献

1. 庞华主编. 医用有机化学实验(内部教材),济南,2001
2. 北京医科大学有机化学教研室编写. 有机化学实验(内部教材),北京,1998
3. 兰州大学、复旦大学编,王清廉,沈凤嘉修订. 有机化学实验,北京:高等教育出版社,1994
4. 唐玉海,刘云主编. 有机化学实验,西安:西安交通大学出版社,2002
5. 季萍,薛思佳. 有机化学实验,北京:科学出版社,2005
6. Donald L. Pavia, Gary M. Lampman and George S. Kriz, Jr. Introduction to organic laboratory techniques(second edition). New York:CBS College Publishing, 1982

图书在版编目(CIP)数据

有机化学实验/庞华,郭今心主编.—济南:
山东大学出版社,2006.8(2021.2重印)
ISBN 978-7-5607-3223-7

Ⅰ.有…
Ⅱ.①庞…②郭…
Ⅲ.有机化学-化学实验-高等学校-教材
Ⅳ.O62-33

中国版本图书馆 CIP 数据核字(2006)第 085259 号

山东大学出版社出版发行
(山东省济南市山大南路 20 号　邮政编码:250100)
新 华 书 店 经 销
山东和平商务有限公司印刷
787 毫米×1092 毫米　1/16　9 印张　205 千字
2006 年 12 月第 1 版　2021 年 2 月第 7 次印刷
定价:23.00 元

版权所有,盗印必究
凡购本书,如有缺页、倒页、脱页,由本社营销部负责调换